“十四五”时期国家重点出版物出版专项规划项目

海南热带特色高效农业实用技术丛书（第二辑）

海南省农业农村厅　海 南 省 教 育 厅
海南省科学技术协会　海南省妇女联合会　编

# 猪病防治

林芳健　王叶飞　编著

海南出版社
·海口·

**图书在版编目（CIP）数据**

猪病防治 / 林芳健，王叶飞编著. -- 海口 ：海南出版社，2024. 9. --（海南热带特色高效农业实用技术丛书）. -- ISBN 978-7-5730-1871-7

Ⅰ. S858.28

中国国家版本馆CIP数据核字第2024SK1712号

**猪病防治**

ZHUBING FANGZHI

林芳健　王叶飞　编著

责任编辑：项　楠　宋佳明
封面设计：黎花莉
出版发行：海南出版社
地　　址：海南省海口市金盘开发区建设三横路2号
邮　　编：570216
电　　话：（0898）66821839
印　　刷：海南雅迪印刷有限公司
版　　次：2024年9月第1版
印　　次：2024年9月第1次印刷
开　　本：889 mm × 1 240 mm　1/32
印　　张：5.125
字　　数：130千字
书　　号：ISBN 978-7-5730-1871-7
定　　价：14.00元

# 《海南热带特色高效农业实用技术丛书》
# 编辑委员会

# 前 言

海南自由贸易港60%的人口、80%的土地在农村，“三农”工作任重道远，同时海南拥有全国一半面积的热带土地，发展热带特色高效农业前景广阔。习近平总书记高度重视海南热带特色高效农业发展，先后做出海南要“做强做精做优热带特色农业，使热带特色农业真正成为优势产业和海南经济的一张王牌”，要聚焦发展热带特色高效农业在内的四大产业，加快构建现代产业体系等一系列重要指示，为海南加快热带特色高效农业发展指明了方向。2018年4月13日，习近平总书记出席庆祝海南建省办经济特区30周年大会并发表重要讲话指出：“海南是我国唯一的热带省份。要实施乡村振兴战略，发挥热带地区气候优势，做强做优热带特色高效农业，打造国家热带现代农业基地，进一步打响海南热带农产品品牌。”

近年来，海南重点打造六大热带农业“特色名片”（国家南繁科研育种基地、国家冬季瓜菜生产基地、热带水果生产基地、热带作物生产基地、现代渔业生产基地、特色畜禽生产基地），热带特色高效农业取得新成效。2022年，热带特色高效农业增加值突破千亿元，为海南经济高质量发展作出了较大贡献。

海南热带特色高效农业持续高质量发展离不开先进技术的支撑和高素质“三农”队伍的培育。为此我们结合新形势新要求精心修订再版《海南热带高效农业实用技术丛书》，并更名为《海南热带特色高效农业实用技术丛书》。本丛书出版发行20余年来，以其技术先进、通俗易懂、实用对路深受广大农民、农业科技工作者、农业企业以及农业院校师生欢迎，成为海南农业发展的好帮手。此次再版，我们注重根据海南热带特色高效农业发展情况调整分册编排、书名，同时吸收国内外最新技术、方法，使本丛书指导性、实用性更强。

本丛书由海南省农业农村厅、海南省教育厅、海南省科学技术协会、海南省妇女联合会联合组织编写，邀请中国热带农业科学院、海南大学、海南省农业科学院、海南省海洋与渔业科学院、海南省农技推广中心等单位活跃在科研、教学和农技推广一线的专家、学者担任分册主编，内容覆盖热带特色高效农业各重点产业和品种，突出“实用技术”的特点，以期为广大农业生产者、农业科技工作者和政府部门做好服务，为端稳全国人民冬季“菜篮子”和热带“果盘子”提供科技支撑。

此次再版，可能还有一些不尽如人意的地方，恳请专家和读者，特别是广大一线农技推广工作者和农民朋友多提宝贵意见，以利于我们择机再行修订。

《海南热带特色高效农业实用技术丛书》编辑委员会<br>2023年5月

# 目 录

# 第一章　概　述

## 本章提要与学习指导

本章简要介绍猪病防治的意义、猪病发生的主要原因和防治的基本知识，着重介绍猪病防治措施、诊疗技术与常用治疗用药方法。

学习中注意了解猪病防治的相关概念与原理，重点掌握猪病防治的各种常用技术与措施。

## 第一节　猪病防治的意义

随着人们生活水平的提高和科学养猪技术的普及，养猪逐渐由农业的副业走向支柱产业。提高养猪的总体效益既是养猪者所追求的最大目标，也是养猪业发展的客观要求。疾病防治是维护猪只健康与正常生产的基本保证，也是提高养猪效益的根本措施之一。如果防疫措施失当，轻则使猪体质削弱，滋生和蔓延疾病，猪场生产水平下降，饲料利用率降低，养猪收益减少或出现亏损；重则导致个体死亡、成批死亡，甚至全群覆灭，造成难以挽回的损失。据有关资料调查统计，农村养猪，特别是家庭小规模养猪，由于配套的兽医及防疫技术跟不上，疫病的发生既呈现季节性，也呈现多发性。根据致病原因、疾病的特征和疾病的危害程度，猪病大体分为传染病、寄生虫病和普通病。传染病和寄生虫病危害较大，占全部死亡原因的70%~90%，内科病、外科病、中毒性疾病、营养代谢性疾病等普通病占10%左右，因管理不当造成的死亡约占5%。在因传染病引起的死亡中，条件性致病菌疫病引起的死亡占大多数，如大肠杆菌病占死亡的60%左右。猪的传染病是危害养猪业最为严重的疾病，它的发生和蔓延，不仅能引起大量猪只死亡，而且一些人畜共患病还会对人类健康造成严重威胁，我国台湾地区1997年3月猪口蹄疫的暴发流行和2018年国内多地出现的非洲猪瘟就是具有代表性的例子。在普通病中，有些病亦可大批发生，并有较高的病死率，如营养代谢性疾病和慢性中毒性疾病等，虽然并不立即引起猪只死亡，但能明显降低畜产品的数量和质量，从而造成一定的经济损失。据调查统计，在增加养猪效益方面，采用先进实用的疾病防治技术可让养殖户增收20%。因此，掌握常见猪病的防治技术，切实做好防治工作，对于发展养猪生产具有十分重要的意义。

## 第二节　猪病发生的主要原因

### 一、一般性病因

#### （一）饲料

饲料质量差、饲料单一或配方不当，猪从饲料中获取的营养物质满足不了自身生长发育的需求，从而导致猪的抵抗力下降患病，如猪饲料中钙、磷含量不足或比例不当，可引起仔猪的佝偻病和成年猪的软骨病。饲喂不洁、发霉、冰冻及含有毒物质的饲料，猪容易发生胃肠道疾病或中毒性疾病。

### （二）饲养管理

猪群密度过大，饲养环境恶劣，猪舍温度过高或过低、通风条件差、黑暗潮湿、卫生脏乱，饲料突然转换，不定时定量喂饲料，饲料干湿、精粗搭配不当等，也可以引起猪生病。

### （三）其他

气候突变、长途运输、转群、追赶、碰撞等也可以引起猪生病。

## 二、病原微生物

### （一）概念

能使人或动物致病的微生物，如细菌、病毒、支原体、螺旋体等。

### （二）侵入途径

病原微生物侵入动物体的主要途径有：

**1. 消化道**

病原微生物由口腔进入消化道而感染发病。

**2. 呼吸道**

携带病原微生物的动物在咳嗽或打喷嚏时，可把带有病原微生物的飞沫传播到空气里，健康猪吸入后而发病。

**3. 皮肤**

有些存在于血液中的病原微生物常通过蜱、蚊等吸血昆虫传播至健康猪体内。

**4. 生殖道**

通过交配经生殖道黏膜感染。

## 三、致病寄生虫

### （一）概念

能使动物发病的寄生虫叫作致病寄生虫，如蛔虫、弓形虫等。

### （二）感染途径

致病寄生虫主要通过消化道感染，如猪蛔虫、猪肺线虫等，也有的通过皮肤感染，如疥螨等。

### （三）感染来源

许多致病寄生虫一般在虫卵或幼虫的阶段随宿主的排泄物或分泌物散布到自然界。因此，被污染的饲料、水、土壤等就成为主要的感染来源。另外，猪也可通过吞食某些致病寄生虫的中间宿主而感染，如吞食猪肺线虫的中间宿主——蚯蚓等。

## 四、病原体

病原微生物和致病寄生虫统称为病原体。

## 五、传染病流行原理

只有同时具备下述三个基本环节，才能导致传染病的流行。

### （一）传染源

传染源是指已被病原微生物侵染并能向外排出病原微生物的动物，包括传染病病畜和带菌（毒）动物，如病猪、病死猪、携带病原微生物的健康猪等。

### （二）传播途径

传播途径是指病原微生物经传染源排出后，经一定方式侵入其他易感动物所经过的途径，分为直接接触传播和间接接触传播。直接接触传播是传染源与易感动物直接接触，如交配、舔咬等而造成传染病传播的方式。间接接触传播是在外界环境因素的参与下，病原体通过传播媒介使易感动物发生感染的传播方式，主要有以下几种。

①经飞沫、飞沫核、尘埃等空气传播。

②经污染的饲料或水传播。

③经污染的土壤传播。

④经蚊、蝇、蠓、畜禽、人等活的媒介传播。

⑤经相关工具传播。

### （三）易感动物

易感动物是指对某种传染病具有感染性的动物。易感性是指动物对某种传染病容易感染的程度，这不仅与病原体的种类和毒力有关，还与外界环境，个体体质、年龄、品种、特异性免疫状态有一定关系。

## 第三节 猪病防治措施

猪病防治措施通常分为预防措施和扑灭治疗措施。前者是平时进行的，以预防病的发生为目的；后者以消灭已经发生的疾病和恢复健康为目的。两者相互联系，互为补充。因为一旦疾病发生，无论后续措施多么得力，治疗多么及时，都不可避免地要造成一定的经济损失。因此，一定要树立防重于治的观点，要立足于预防，把疾病消灭在萌芽状态。

## 一、隔离饲养

养猪要实行严格的隔离饲养制度。猪场要远离屠宰场、肉制品加工厂、皮毛加工厂和重工业区，猪场内生产区、管理区、生活区要分开，生产区门口设消毒池。大中型猪场应有兽医门诊室、化验室、病猪隔离舍、剖检室、尸体处理室，并建在生产区外。猪场应自建机井、水塔，用管道直通到各幢猪舍，不使用猪场外的河水或井水，以防猪饮用水污染。猪舍门口要设消毒池。

## 二、加强饲养管理

猪舍必须保持清洁干燥，通风换气。饲喂要定时、定量，饲料要营养全面，精饲料与粗饲料搭配合适，保持饲料及饲喂用具的清洁卫生，不喂发霉变质的饲料。平时适当增加猪的活动量，以增强猪体对疾病的抵抗能力。

鼠类、苍蝇能传播许多疫病，还能污染饲料，猪场必须经常灭鼠、灭蝇。

## 三、做好环境消毒

### （一）消毒方法

养猪的圈栏、饲喂用具、猪的排泄物等往往都有病原微生物。因此，为预防疾病和控制传染病流行，应根据情况采用以下方法进行消毒。

### 1. 煮沸消毒法

把要消毒的小型用具放入锅内，沸水煮30分钟左右就可以杀死常见的病原微生物。这种方法简便、经济、实用，多用于消毒非一次性注射器、外科器械等。

### 2. 化学消毒法

使用化学消毒药物来杀死病原微生物，是兽医最常用的消毒方法。皮肤消毒常用3%~5%的碘酊、75%的酒精等；黏膜消毒常用0.1%的高锰酸钾、3%的过氧化氢等；圈栏、粪便及地面消毒常用10%~20%的石灰乳、2%~3%的碱溶液以及10%~20%的漂白粉混合液等。

### 3. 紫外线消毒法

利用阳光中的紫外线消灭病原微生物。直射阳光6~8分钟就可杀死巴氏杆菌，口蹄疫病毒1小时后就不能存活。因此经常让阳光照射猪舍，或将用具放到太阳下暴晒，会起到不错的消毒效果。另外，在室内安装紫外线灯，也可以杀死环境内的病原微生物，起到相应的消毒作用。

### 4. 生物热消毒法

生物热消毒法多用于消毒粪便、垫草和污水。①堆粪法：将干粪便、垫草堆积起来，在外面抹上泥土，可使堆内温度达到60摄氏度以上，经半个月到一个月时间，病原微生物和致病寄生虫可被杀死。②发酵池法：适用于稀薄粪便。先将池底放一层干粪，再将欲消毒的粪便、垫草等倒入池内，发酵池快满时，在粪便的表面铺一层干粪和杂草，最后在上面盖一层湿土，经1~3个月即可掏出做肥料用。此法也可处理动物尸体。③制取沼气法：因地制宜建立沼气池，利用家畜粪便、垫草与污水混合发酵产生沼气、沼渣、沼液。同时起到消毒粪便与污水的作用。

#### 5. 火焰消毒法

火焰喷射消毒器喷出的火焰具有很高的温度，能杀死病原微生物，是有效而简便的消毒方法，可用于消毒金属栏架、水泥地面。

### （二）消毒注意事项

①猪舍进行大面积消毒前，必须将猪全部迁出。

②猪舍中的分泌物、排泄物、饲料残渣等必须清扫、冲洗干净。实验表明：清扫猪圈可除掉20%的细菌，高压冲洗可除掉50%的细菌，消毒药能杀灭20%的细菌，三者相加可使猪舍内的细菌减少90%。

③影响消毒药作用的因素有很多。一般来说，消毒药的浓度、温度和作用时间与消毒杀菌的效果成正比。此外，消毒效果与消毒药的物理状态有关，固体消毒药必须溶于水中，气体消毒药必须进入细菌荚膜中，才能发挥杀菌作用。

④每种消毒药都应按产品说明书配制。对于某些有挥发性的消毒药应注意其保存方法和保质期，避免影响消毒效果。

⑤有些消毒药具有刺激性气味，如甲醛等；有些消毒药对猪的皮肤有腐蚀性，如氢氧化钠等。当猪舍使用这些消毒药后，不能立即让猪进入。有的消毒药有挥发性气味，如煤酚皂等，应避免其污染饲料、饮用水，否则会影响猪的食欲。

⑥几种消毒药不能同时混合使用，以免影响药效。但在同一场所，几种消毒方法经合理搭配后先后使用，则能增加消毒效果，如经喷雾消毒后又用熏蒸消毒。

⑦有条件时应对消毒效果开展细菌学测定。

## 四、抓好防疫

防疫工作的主要环节是预防接种。预防接种是在健康猪群中有计划、有目的地定期把疫苗或菌苗等生物制品注射到猪体内，使之在一定时间内获得特异性免疫，将易感动物变为不易感动物，降低猪感染某些传染病的概率。

### （一）疫苗

狭义的疫苗是利用病毒等病原体，通过人工处理，设法除去或减弱其对动物的致病作用后制成的生物制品。通常一种疫苗只对一种特定的传染病有预防作用，如猪瘟兔化弱毒疫苗一般可使猪不再感染猪瘟。将几种疫苗联合配制在一起的，称为联合疫苗。

### （二）菌苗

菌苗有两种，一种是将病原菌杀死后制成的死菌苗；一种是使病原菌毒力减弱或丧失后制成的活菌苗。死菌苗容易保存而且保存时间长，但用量比较大，免疫期短，接种后产生免疫力需要的时间较长；活菌苗免疫期长，用量小，接种后产生免疫力需要的时间比较短，但不易保存，有效期短。使用时应视具体情况加以选择。

### （三）类毒素

一些细菌经过人工培养可产生大量外毒素，将这些外毒素与细菌分开，再向外毒素中加适量甲醛进行处理，制成无毒但能使动物产生抵抗力的制剂，这种制剂被称为类毒素。它能刺激动物产生大量抗毒素，因此可以起预防疾病的作用。破伤风类毒素就是一种比较常用的类毒素制剂。

### （四）抗毒素

多次给动物注射某种类毒素或毒素，可使动物产生抵抗这种类毒素或毒素的能力。将具有这种能力的动物血液采集起来，再从中提取血清进行处理，就可得到抗毒素制剂。破伤风抗毒素就是典型的一种。

### （五）抗病血清

抗病血清是从对某种病原微生物有较强抵抗力的动物身上采集血液，分离出血清后再进行处理所得的制剂。兽医上常用的有抗猪瘟血清、抗猪丹毒血清等。

### （六）防疫注射的注意事项

#### 1. 制订科学的免疫程序

根据实际情况，结合邻近地区的疫情流行的情况及规律，考虑猪的用途、日龄、母源抗体水平和饲养管理条件以及疫苗的种类、性质等方面的因素，制订适宜的防疫计划和免疫程序，实行常年防疫。免疫程序并不是一成不变的，要根据具体情况进行调整。另外，还要注意市场防疫，对无免疫标记的新进猪，一律进行补防注射。

海南地区针对不同猪可采用不同的免疫计划。

（1）仔猪

10日龄注射猪链球菌疫苗，20日龄注射三联苗（猪瘟、丹毒、肺疫），30日龄注射口蹄疫疫苗，47~60日龄注射喘气病疫苗，50~60日龄注射猪瘟疫苗，70日龄注射口蹄疫疫苗。

（2）其他猪（包括种猪、育肥猪）

1月龄注射猪瘟弱毒疫苗，2月龄注射猪O型口蹄疫灭活疫苗，3月龄注射猪链球菌弱毒疫苗，4月龄注射三联苗（猪瘟、丹毒、肺疫），5月龄注射猪瘟弱毒疫苗，6月龄注射猪O型口蹄疫灭活疫苗，7月龄注射猪乙型脑炎弱毒疫苗，8月龄注射三联苗，

9月龄注射猪链球菌弱毒苗、猪瘟弱毒疫苗，10月龄注射猪O型口蹄疫灭活疫苗，11月龄注射猪细小病毒弱毒疫苗，12月龄注射三联苗。母猪产前20天注射仔猪大肠杆菌四价苗。

**2. 确保疫苗质量**

疫苗要从正规的渠道进货，把好疫苗的采购关。产品必须有批准文号、有效日期和生产厂家，绝不能用“三无”产品。

要妥善保存和运送疫苗。猪的疫苗大多是冻干弱毒活苗，也有部分灭活苗。这些疫苗对保存温度的要求很严格。一般来说，冻干弱毒活苗需冷冻保存，且有效期随保存温度而异；灭活苗则需在4~20摄氏度保存，严禁冷冻。贮存疫苗的冷库、冰箱要放置温度计，需要记录温度，并定期检查，做到发现问题及时处理。运送疫苗要使用控温器具，采取必要的控温措施。

**3. 规范免疫接种技术**

免疫接种前对使用的疫苗逐瓶检查，注意瓶子有无破损、封口是否严密、瓶签是否完整、有效期是否超过，药液的色泽、物理性状是否与该品说明书上记载相符合，有一项不合格，则不能使用，按报废处理。稀释液的种类、数量不得擅自变更和增减。

接种疫苗必须由受过专业培训的人员操作，按规程要求进行接种。

注射器、针头、镊子、稀释液瓶等免疫接种用的器材都要煮沸消毒10分钟后再使用，取放针头应用消毒镊子镊取。

疫苗使用前充分摇匀，瓶塞消毒后，插入专用的针头吸取疫苗，绝对不能用已注射过的针头吸取，以免污染瓶内疫苗。稀释后的疫苗溶液瓶上要固定一个注射针头，避免反复吸取时污染瓶内疫苗。要求每打完一头猪或一圈猪更换一次针头。

坚持消毒。注射部位一定要消毒，尤其是污染较重部位。每注射一头猪后，针头必须用酒精或碘酊棉球消毒一次。

使用冻干疫苗时，若在20摄氏度以上的天气，则需配备装有冰块的冷藏箱或广口保温瓶，切勿置于阳光下。稀释后的疫苗须及时用完，一般应当天用当天配。一次未用完的疫苗不得随意抛弃，应与已用过的消毒棉球集中烧毁。

接种疫苗前应了解猪群的疫情情况。若有严重的传染病流行，则应停止接种；若有个别病猪，应该剔除、隔离病猪，然后再给健康猪接种。

免疫接种后，特别是在1小时之内，要有专人认真检查猪群中有无过敏或严重应激反应的情况，同时准备好肾上腺素等药品，便于及时抢救。

做好防疫登记工作。凡注射过疫苗的猪，应将猪的编号、注射日期、疫苗种类及批号、注射量等登记，以便查考。未注射的猪也要逐头登记，以便补注。

## 五、定期驱虫

### （一）种猪

每年春、秋两季各驱虫2次，每次间隔半个月左右，以后每隔2个月驱虫1次。每次驱虫的同时，用杀虫药进行喷淋或药浴，以防治猪体表寄生虫。

### （二）育肥猪

仔猪断乳时驱虫1次，半个月后再进行1次，以后每隔2个月驱虫1次直至出栏。出栏15天内应停止驱虫，以防猪体内有残留药物。

### （三）新购进猪

隔离观察后进行驱虫和药浴。

## 六、药物防治

用药是猪病防治的主要措施。药物不仅可防治某些传染病，还可以防治内外科病。有的药物还能调节代谢，改善消化吸收，提高饲料利用率，促进动物生长。对病猪要早发现、早用药，一方面能挽救一部分猪，减少经济损失；另一方面能消除病原体，减少疾病的扩散。猪常用的药物种类繁多，新药层出不穷，商品名五花八门，使用时请参看药品的说明书。要注意不能长期使用同一种抗生素，应定期更换，以防猪产生抗药性。同时还要注意药物使用方法、用量、有效期和注意事项，不能使用国家禁止使用的药物，控制使用的药物要注意停药期。一些常用药物功能和使用方法见附录二。

## 七、严格检疫

### （一）引种检疫

准备从外地引种时，要做好疫情调查。引入后应在隔离舍内隔离观察一段时间，同时进行多次严格检疫。确认健康后，方可进入生产区。已出栏的猪不能再返回本场。

### （二）紧急检疫

有条件的猪场应设立紧急屠宰室，以供病理剖检使用。由于猪数量大，通常只进行肉眼检查，必要时才进行细致的病变检查。为及时了解病变情况，除对死亡猪进行剖检外，必要时需宰杀若干病猪，做病理剖检。

### （三）定期检疫

除发生疫情后进行临时性检疫外，还应根据当地的疫情调查结果和可能存在的疾病种类，拟定具体的计划，定期进行检疫。

## 八、及时扑灭疫病

传染病一旦发生，应贯彻“早、快、严、小”的原则，迅速采取扑灭措施。

### （一）早发现、早上报

发现可疑传染病时，必须立即报告当地畜禽防检机构，并及时弄清疫情。

### （二）快速诊断

快速诊断常用的方法有流行病学诊断、临床诊断和实验室诊断，包括病理、微生物和免疫学诊断。生产中可根据实际情况选用一种或几种方法。不能确诊时，应取病料尽快送检。在未得出结论前，应根据初步结果对病死猪、病猪及被污染的环境采取相应措施，以防疫病扩散。

### （三）严格执行各项处置措施

**1. 及时隔离封锁**

发生传染病后，应认真分析疫情，划定病猪群、可疑感染群和假定健康群，在彻底消毒之后严格隔离，采取相应措施。

**2. 严格环境消毒**

发病猪群隔离或传染病扑灭后，对病猪舍、隔离舍及被污染的土壤、水以及运输工具等都要进行彻底消毒。

（1）圈舍消毒

先清扫，然后用10%~20%石灰乳、1%~10%漂白粉或1%~

4%的氢氧化钠等消毒剂，按每平方米1000毫升的用量进行喷洒。消毒的顺序为墙壁、圈栏、门窗、食槽、地面、用具。若以氢氧化钠消毒，在喷洒后的2~3小时，用清水冲洗，以防腐蚀。泥圈舍可撒一层干石灰或草木灰，然后垫上新土。

（2）粪便、污水消毒

粪便可定点堆积进行发酵消毒，方法是堆积后加盖或用泥封好，经1~2个月可杀死一般病原体。病猪舍的污水，量少的可以浇在粪便内一起发酵，量大的可加入污水总量2%的生石灰粉或0.2%的漂白粉消毒。

（3）运输工具消毒

运输病猪的车、船及装运死猪的容器等用5%~10%漂白粉、2%~3%的氢氧化钠溶液或其他消毒液消毒，2~3小时后，用清水冲洗干净。

### （四）把疫病控制在最小范围

发生传染病时，对受威胁区的健康猪进行紧急免疫接种，以建立免疫带，防止疫病扩散蔓延。疫区内，在隔离条件下，对可疑感染和假定健康的猪只也要进行预防注射。紧急接种时，疫苗的剂量可增加1~2倍，并做到每注射一头猪必须更换消毒针头。在严格隔离的情况下，对感染非烈性传染病且有治疗价值的病猪，可及时进行对症治疗。

## 九、无害化处理

无害化处理方法通常有化制法、掩埋法和焚烧法。掩埋法最为简便易行，但该方法消灭病原体并不彻底。焚烧法最为彻底，但耗费成本较大，处理过程中应视具体情况加以选择。病死猪停放过的地点要严格消毒，搬运时切不可用漏水的用具装载，以防沿路散播病原体。掩埋时坑深一般在2米以上，在尸体上撒生石灰粉等消毒药，死猪停留污染的地面泥土，也要铲起一同掩埋。严禁把死猪及其污染物随意抛弃，更不能私自分食或上市销售。要有完善的粪污处理设施，将粪便运至农区沤熟制肥，减少病原体的散布。

## 第四节　猪病诊疗技术

### 一、接近和保定

对性情温和的猪，可使其靠近墙根、墙角，从猪后方或侧后方慢慢接近，同时发出声音信号，再用手摸其体表，使其安静，然后进行检查。对较为凶暴和不安的猪可用徒手保定法保定小猪或用保定绳、保定器套住上颌部保定大猪。

### 二、临床诊断

临床诊断包括问诊、视诊、嗅诊、触诊、听诊和叩诊方式，对症状表现及异常变化加以分析，可以对疾病进行诊断，或为进一步检验提供依据。

（一）问诊

问诊是通过询问畜主或饲养员的方式，了解猪发病的有关情况。询问内容一般包括发病时间、发病头数、病前和病后的异常表现、以往的病史、治疗情况、免疫接种情况、饲养管理情况以及猪的年龄、性别等。但在听取情况时，应考虑所谈内容与当事人的利害关系，并分析相关信息的可靠性。

**1. 询问发病情况**

了解此病程处在发病初期还是后期，急性病还是慢性病，传染病还是普通病，几天来是否发热，是否拉稀或便秘，便中是否带血，排尿量多少，尿液颜色如何等。还要询问周围猪场是否发生类似病情。

**2. 询问食欲**

食欲减退可能是发病初期，食欲不振可能是慢性病，食欲废绝可能是重病。

**3. 询问饲养管理情况**

询问饲料种类、发霉情况、饲料加工调制方法，以及猪舍卫生等。

（二）视诊

视诊是现场观察病猪的表现。视诊时，最好先从离病猪几步远的地方观察肥瘦、姿势、步态等，然后靠近病猪详细查看被毛、皮肤、黏膜、粪尿等情况。

**1. 肥瘦**

一般患急性病的病猪身体仍然肥壮；而患慢性病的病猪身体多瘦弱。

**2. 姿势**

观察病猪是否出现特殊姿势，如猪四肢僵直，行动不灵便可能患破伤风。

**3. 步态**

健康猪步态一般灵活而稳健。患病时常表现行动不稳，或不喜行走。当蹄部、四肢肌肉、关节或胯部发生疾病时，则表现为跛行。

4. 被毛和皮肤

健康猪的被毛平整而不易脱落，富有光泽。病猪被毛粗乱蓬松，失去光泽，而且容易脱落。患螨病的猪，患部被毛成片脱落，同时皮肤变厚变硬，出现蹭痒和擦伤现象。在检查皮肤时，除注意皮肤的颜色外，还要注意有无水肿、炎症、外伤以及发热等。皮肤苍白多为贫血，皮肤呈紫色多为出血或丹毒；蹄叉有水疱多为水疱病或口蹄疫；被毛粗长、松乱，可能体内有寄生虫或长期营养不良。

5. 黏膜

健康猪的眼、鼻腔、口腔、阴道和肛门黏膜光滑呈粉红色，如口腔黏膜发红，多半是体内有炎症。黏膜发红并带有红点、血丝或呈紫色，是由严重的中毒或传染病引起的。黏膜呈苍白色，多为贫血；呈黄色，多为黄疸病；呈蓝色，多为肺脏、心脏相关疾病。

6. 吃料、饮水、口腔、粪尿

吃料和饮水忽然增多或减少，以及喜欢舔泥土等，可能患慢性营养不良。如喉头炎、口腔溃疡、舌有烂伤等，打开口腔就可以看出来。粪便也要检查，主要检查其形状、硬度、色泽及附着物等。正常时，猪粪成团或稍稀，没有难闻臭味。患病时，粪便有特殊臭味，如患各类肠炎。粪便过于干燥，多为缺水和肠弛缓；粪便过于稀薄，多为肠机能亢进。肠前部出血，粪呈黑褐色；后部出血，粪呈鲜红色。粪内有大量黏液，表示肠黏膜有卡他性炎症；粪便混有完整饲料，表示消化不良；粪便混有纤维素时，表示患纤维素性炎；粪便混有寄生虫或绦虫节片时，表示体内有寄生虫。排尿次数和尿量过多或过少，以及排尿痛苦、失禁，都是患病的表现。

**7. 呼吸、咳嗽**

正常时，猪每分钟呼吸10~20次。呼吸次数增多，则应考虑猪患热性病、呼吸系统疾病，或心脏衰弱、贫血、腹压升高等；呼吸次数减少，则应考虑中毒、代谢障碍、昏迷等。另外，还要检查呼吸类型、呼吸节律以及呼吸是否困难等。咳嗽多为支气管炎。

（三）嗅诊

诊断猪病时，嗅闻其分泌物、排泄物、呼出气体及口腔气味也很重要。猪患胃肠炎时，粪便腥臭或恶臭。消化不良时，可从猪呼出的气中闻到酸臭味。

（四）触诊

触诊时用手指感触被检查的部位，并稍加压力，以便凭感觉确定被检查的器官或组织是否正常。触诊常用如下几种方法：

**1. 皮肤检查**

主要检查皮肤的弹性、温度、有无肿胀或伤口等。健康猪皮肤微温。发病时，皮温上升或下降。皮温上升，则应考虑猪患传染病或有炎症；皮温下降，常为传染病后期或接近死亡。营养不良或得过皮肤病，皮肤就没有弹性。发高烧时，皮温会增高。

**2. 体温检查**

一般用手摸耳朵或握住舌头，可知猪是否发烧。但最准确的方法是用水银体温计测量。用水银体温计检查时，先用酒精棉消毒，将体温计甩几下，使水银柱降至36摄氏度以下，然后将体温计慢慢插入病猪肛门，3~5分钟后取出，用消毒棉抹干粪便，查看体温。猪正常体温在38~39.5摄氏度之间。一般，仔猪体温比成年猪高一些，热天体温比冷天高一些，运动后体温比运动前高一些。凡是体温过高或过低都证明猪有可能患病。

### 3. 脉搏检查

检查脉搏一般检查股内侧动脉，猪正常脉搏为每分钟跳动60~80次。检查时，注意每分钟跳动次数和强弱等。患病时，脉搏的跳动次数和强弱都与正常不同。

### 4. 体表淋巴结检查

主要检查颌下、肩前、膝上和乳房上的淋巴结。当感染链球菌时，体表淋巴结往往肿大，其形状、硬度、温度、敏感性及活动性等也会发生变化。

### （五）听诊

最常用的听诊部位为胸部（主要是心、肺）和腹部（主要是胃、肠）。听诊的方法有两种：一种是直接听诊，即将一块布铺在猪被检查的部位上，然后把耳朵紧贴其上，直接听猪体内的声音；另一种是间接听诊，即用听诊器听取心、肺、胃、肠等内脏器官的声音变化。不论用哪种方法听诊，都应当把病猪放到清静的地方，以免受外界杂音的干扰。

### （六）叩诊

叩诊是用手指或叩诊锤来叩打猪体表部分或置于体表的垫着物（如手指或垫板），借助所发声音来判断内脏的状况。常用叩诊方法是左手食指或中指放在检查部位，右手中指从第二指节开始弯曲并向左手食指或中指第二指节上敲打。叩诊的音响主要有：清音、浊音、半浊音、鼓音。

## 三、实验室诊断

取病猪的排泄物、分泌物及病变组织送到动物防疫部门或专门机构进行检验。实验室在接到送检病料后，应立即进行检验，包括细菌学检验、病毒学检验、免疫学检验和寄生虫病检验等，以确定病因。

## 第五节 常用治疗用药方法

猪的用药方法有多种，应根据病情、药物的性质、猪的大小，选择适当的用药方法。目前常用的治疗用药方法有以下几种。

### 一、口服法

#### （一）拌饲法

将药物按一定比例拌入饲料或饮用水中，任猪自行采食或饮用。猪群用药前，最好先做小批的毒性及药效实验。此法多用于大群猪的预防性治疗或驱虫。

#### （二）灌服法

如病猪性情温和又必须灌服时，将药液倒入细口长颈的玻璃瓶、胶皮瓶、奶瓶或一般的酒瓶中，抬高猪的嘴巴，给药者右手拿瓶，左手食指、中指伸入口中，轻轻压迫舌头，猪口即张开，也可用木棒或开口器打开口腔。将药瓶口伸入口中后将左手抽出。待瓶口伸到舌头中段，抬高瓶底，在其呼气时，将药液徐徐灌入。待其咽下一口后，再灌第二口，切勿过急。对猪一般不提倡灌药，因为病猪叫喊、骚动很容易将药液吸入气管引起异物性肺炎，甚至窒息死亡。

#### （三）舔服法

将药物研成细末，混于糊状料中，涂于母猪乳头上，让仔猪吃奶时舔服。此法常用于哺乳仔猪的用药。

## 二、灌肠法

灌肠法是将药物配成液体，直接灌入猪直肠内。猪患发热性疾病时往往出现便秘，故灌肠法常用于促进粪便排出。有时也用于向直肠内注入大量药液或营养液。其方法是让病猪站立或倒提保定，用吊桶式灌肠器或球式灌肠器，也可用80~100毫升的注射器或小橡皮管插入肛门10~20厘米，将药液灌入直肠。若为了通肠，灌毕立即放开，让猪自然排出。如灌入药物，须使药物在直肠内停留一段时间，可先灌入一定量温水，在排出粪便后，再灌入药液。灌后可暂时不松开，或用手指压迫尾根，或刺激肛门周围，也可按摩腹部，以防出现排泄反射排出灌入液。灌肠液体的用量应视猪体大小而定。灌肠液体的温度，应与猪体温一致。此法多用于治疗便秘。

## 三、冲洗法

将猪的外阴部、施术者的手及器械先行消毒后，将连接漏斗的胶管徐徐插入阴道或子宫颈，提高漏斗，加入药液。当管中液体快流完时，迅速放低漏斗，让灌入液自动流出。如此反复，冲洗2~3次即可。冲洗后，可置入抗生素或其他抗菌消炎药物。此法常用于治疗阴道炎及子宫内膜炎。

## 四、胃管法

可在一小木棒中部打一直径2厘米左右的小洞，该小洞以能通过胃管为宜，将小木棒横置于病猪口中，将胃管自小洞中穿入，轻轻向咽部推进。通过咽部后，立即进行检查。胃管插入食管中的标志是：将胃管的另一端置施术者耳前听，无气体进出声音；将胃管另一端置水中，无规律性水泡出现；病猪有吞咽的动作，但无不安反应等。确认胃管在食道内后，再徐徐向前推进，进行投药。此法适用于食道梗塞的治疗。一般用来灌服中药及有浓重气味的药物，但使用频率不高。患咽炎、喉炎和咳嗽严重的病猪不可用胃管灌药。

## 五、注射法

注射法是将灭过菌的液体药物用注射器注入猪体内。注射前，要将注射器用清水洗净，再用沸水煮30分钟。注射器吸入药液后要直立，推动注射器活塞，排出管内气泡，再用酒精棉包住针头后准备注射。

### （一）皮下注射

把药液注射到猪的皮下组织。注射部位是在颈部或股内侧皮肤松软处。注射时，先在注射部位涂上碘酒，左手中指和拇指捏起局部皮肤，同时食指下压皱褶，使之呈凹窝状，右手持注射器向凹窝中心处刺入2厘米左右，若感觉针头无阻碍，且能自由拔动时，即可推入药液。注毕拔出针头，在注射点上涂擦碘酒。皮下注射法适用于各种能被组织吸收且无强刺激性的药液和易于溶解的药物及疫苗等。

### （二）肌内注射

将灭菌的药液注入肌肉比较多的部位，通常在耳根后、臀部注射，但对较瘦个体最好不要在臀部注射，以免误伤坐骨神经。

注射方法基本上与皮下注射相同，不同之处在于注射时以左手拇指、食指呈“八”字形压住所要注射部位的肌肉，右手持注射器针头，向肌肉组织内垂直刺入并注药。此法较为常用，一般适用于刺激性较强的药液，如青霉素等和难以吸收的药液，如油剂、乳剂等。

### （三）静脉注射

将灭菌的药液直接注射到静脉内，使药液随血液很快分布到全身，迅速产生药效。一般在耳部静脉和前腔静脉注射。静脉注射时，所有注射器械均应严格消毒。刺针前应排净注射器或输液管中的气泡。注入方法是先用左手按压静脉靠近心脏的一端，使其怒张，右手持注射器，将针头向上刺入静脉内，如有血液回流，则表示已插入静脉内，然后用右手推动活塞，将药液注入，药液注射完毕后，左手按住刺入孔，右手拔针，再在注射处涂擦碘酒即可。如药液量大，也可使用静脉输入器，其使用分两步：先将针头刺入静脉，再接上静脉输入器。注射时注意多种药物的混合禁忌，输注速度不宜过快。同时，要做好保定工作，以防其乱动引起针头脱落。静脉输入器主要用于输液以及对组织刺激性强的药液，如钙制剂、浓盐水等。

### （四）气管注射法

将药液直接注入气管内。注入时，使猪倒卧，且头高臀低，注射部位在猪喉头后3~6厘米处，先局部消毒，将针头穿过气管软骨环之间，垂直刺入，摇动针头，若感觉针头确已进入气管，接上注射器，抽动活塞，见有气泡，即可将药液缓缓注入。如欲使药液流入两侧肺中，则应注射2次。第二次注射时，须将猪翻转，卧于另一侧，再用注射器将药物注入气管内，注射时用量不宜太大。此法主要用于猪的上呼吸道感染，适用于治疗气管、支气管和肺部疾病，也常用于肺部驱虫，如肺线虫病。但此方法现在极少应用。

### （五）腹腔内注射法

注射部位在猪左或右肋骨凹处中央。注射时，针头不要插入太深，穿透腹壁后将针头放平再注入药液。当不便于静脉注射时，可用该法。

## 思考题

1. 猪病防治对发展养猪生产有何意义？
2. 常用猪病防治措施有哪些？
3. 猪常用临床诊断方法有哪几种，如何应用？
4. 各种用药方法的特点和用途有何不同？

# 第二章　常见传染病

## 本章提要与学习指导

本章介绍各种常见病毒性传染病、细菌性传染病和其他传染病的病原、流行特点和病理剖检等，重点介绍各传染病的临床症状、预防和治疗措施。

学习中注意了解常见传染病的诊断要点和类症鉴别，主要掌握其诊断技术和防治措施。本章介绍的药品使用应结合实际，未提及用量、用法的药品可根据说明书使用。

## 第一节　病毒性传染病

### 一、猪瘟

（一）病原

猪瘟是由猪瘟病毒引起的急性、热性、接触性、高度致死性传染病。猪瘟病毒没有血清型之分，只有毒力强弱之分。病猪及带毒猪是主要传染源，主要由消化道感染，也可经皮肤伤口和呼吸道感染。病猪的尸体、污染物处理不当，消毒不彻底，检疫不严，可通过运输、交易、配种等因素造成疾病广泛传播。人、畜随意进猪舍等情况，也可造成间接传播。

（二）流行特点

①发病没有季节性，一年四季都可发生。患病猪不分品种、性别和年龄。常是小猪和体弱猪先发病，一周后大批猪发病。发

病率95%~100%，死亡率相当高。

②在新疫区常急性暴发。在猪瘟常发地区，猪群有一定的免疫力，病情发展较缓和，呈长期慢性流行。

（三）临床症状

潜伏期一般为2~21天，多在感染后7~10天发病。可分为最急性型、急性型、慢性型和非典型四种。

**1. 最急性型**

该类型很少见，多在从未感染过此病的猪群中发生，猪通常无明显症状，突然死亡。

**2. 急性型**

多见于流行初期。病猪体温迅速上升到40.5~42摄氏度，呈稽留热直到死亡。病猪精神萎靡，被毛粗乱，打寒战，食欲减退或不食，常呆立于墙角。发生结膜炎，眼部流出脓性分泌物，严重时上下眼睑粘连。病猪常先呕吐、便秘，然后腹泻，粪便呈淡绿色或水样。皮肤出现红点或红斑，指压不褪色，多见于腹内侧。公猪常发生包皮炎，有的猪出现神经症状，一般于发病后5~10天死亡。

**3. 慢性型**

多见于流行后期。由急性型转变而来或由某些毒力较弱的猪瘟毒株所引起。由急性型转变而来的病猪，表现神经衰弱，消瘦，咳嗽，食欲时有时无，多腹泻，有时便秘。病猪的耳尖、尾根和四肢的皮肤发生坏死，甚至脱落。由毒力较弱的毒株引起的猪瘟潜伏期较长，猪症状轻微，体温略有升高，皮肤无变化，常有肺部感染和神经症状。

**4. 非典型**

近年新出现的类型。仅见于保育期的仔猪，系由感染隐性猪瘟的母猪垂直传染给仔猪，该类仔猪出生时完全健康，哺乳期间生长正常，进入保育栏后不久，便可能出现非典型猪瘟症状，主要表现为顽固性腹泻，粪便呈浅黄色，由于失禁而污染后躯。病猪迅速消瘦，行走不稳，四肢末端和耳尖皮肤淤血呈紫色。对这种猪接种猪瘟疫苗无效，病程1~2周，病猪往往死亡。死后剖检，可发现猪瘟的病变不典型。

（四）病理剖检

解剖病猪可在浆膜、黏膜、淋巴结、实质脏器上发现出血性病变。脾部肿大，变紫黑色，一半以上边缘出血，呈三角形梗死。全身淋巴结肿大，肠系膜肿大呈大理石样。肝、肾变淡色有出血点，肝发脆。可发现坏死性肠炎，尤其在回肠、盲肠、结肠处有纽扣状溃疡。

（五）预防

①实行自繁自养。引进猪必须隔离1个月，若无异常，则进行预防注射后合群饲养。

②注意圈舍消毒。

③积极搞好预防接种工作。一般使用猪瘟兔化弱毒疫苗，按免疫接种程序及时预防接种。必须逐头注射，严防漏接。在污染严重的猪场中实行超前免疫，即仔猪出生后，立即注射2头份猪瘟单苗，2小时后吃初乳，可有效避开母源抗体的干扰。

④发生猪瘟的猪场或地区，对病猪要隔离、封锁。若已确诊猪瘟，应就地扑杀、深埋或焚烧，并对猪场所进行彻底消毒。对受到威胁的猪群中的每头猪紧急接种2~4头份的疫苗。

（六）治疗

目前无有效的药物和办法。在发病早期，用高免血清进行肌内或皮下注射，有一定治疗效果。

## 二、口蹄疫

### （一）病原

由口蹄疫病毒引起的一种急性、热性、高度接触性的动物疫病。病猪是主要传染源，通过直接和间接接触传播病毒，病毒通过呼吸道、消化道和损伤的皮肤感染，并迅速传播。猪的各种组织、分泌物和排泄物都有传染性，被污染的所有物品都可传播该病。

### （二）流行特点

①主要发生于猪、羊、牛等偶蹄动物，人也可感染。

②呈地方流行性和散发性，有一定的周期性，几年流行一次。流行快，在几天的时间内可波及整个猪群，继而在周围地区蔓延。

③发病率高，成猪死亡率低，多发生于春、秋、冬季节，夏季发生少，在规模较大的猪场，发病无明显的季节性。

### （三）临床症状

病猪体温在40~41摄氏度左右，精神不振，食欲减退或废绝。以蹄部为主要病灶，蹄部发红、微热、敏感等，不久形成米粒大小的水疱，逐渐融合为白色环状带。水疱破裂后，表面出血形成糜烂，如无细菌感染，10~14天自愈。如继发感染，严重者蹄甲脱落，患肢疼痛不能着地，常卧地不起。30%~40%的病猪在鼻腔、口腔、乳房有水疱或烂斑，并流涎。哺乳仔猪少见水疱和烂斑，一般因急性胃肠炎和心肌炎而突然死亡，病死率60%~80%。

### （四）病理剖检

口、蹄部出现水疱。死亡仔猪胃、肠黏膜有出血性炎症。心包积液混浊，心肌色淡，质地松软，常出现灰黄色条斑，外观如虎斑，故称“虎斑心”，心内、外膜有出血。

（五）预防

①严禁从疫区收购和调运牛、羊、猪及其产品，防止病原传入。

②平时做好猪舍和用具的消毒工作。发生疫情时，立即报告，以便采取紧急防治措施。

③病猪圈舍、食槽及饲养工具要用2%氢氧化钠彻底消毒，在疾病流行期间，每隔2~3天消毒1次。

④疫区和受威胁区要定期预防性注射猪口蹄疫灭活疫苗。

（六）治疗

海南省为无规定动物疫病区，本病不提倡治疗，而应立即扑杀病猪。其他地区，仅对特别有治疗价值的猪进行治疗，本病尚无特效药。

①将病猪隔离到干燥的猪圈内，用兑水食醋、0.1%高锰酸钾或1%盐水冲洗创面后，再涂擦碘甘油、紫药水或消炎软膏。

②蹄部用2%~4%煤酚皂消毒，擦干后涂鱼石脂软膏。

③乳房涂紫药水。

④皮下注射抗口蹄疫高免血清。

⑤给重病猪打强心药和补液。

## 三、传染性胃肠炎

（一）病原

由冠状病毒引起的急性、高度接触性传染的肠道传染病。

（二）流行特点

①2周龄以下的哺乳仔猪最易感染且死亡率高，可达100%。断奶后的仔猪患病后，死亡率低于未断奶仔猪。

②呈季节性流行，全年都可发生，春、冬季常发病，夏季发

病少。

③传播快，数天便可波及全群。

④病猪及带毒猪是传染源。病毒经分泌物、排泄物、呼出的气体等通过呼吸道和消化道传给健康猪。

（三）临床症状

仔猪突然呕吐，接着发生严重的水样腹泻，粪便为黄绿色、灰色或白色，并含凝乳块。部分病猪体温先升高，发生腹泻后体温下降，迅速脱水，消瘦，一般经2~7天死亡。10日龄以内的仔猪大多会因此病而死亡，随着日龄的增长，病死率逐渐降低。后备猪、育肥猪和成年猪的症状较轻，出现一至数天的食量下降、腹泻、体重迅速减轻，有时呕吐。哺乳母猪泌乳减少或停止，一般3~7天恢复，极少发生死亡。

（四）病理剖检

尸体脱水明显，病变主要在胃和小肠。胃内充满凝乳块，胃底部黏膜轻度充血，有时在黏膜下有出血斑。小肠内充满黄绿色或灰白色液状物，含有泡沫和未消化的小凝乳块，小肠壁变薄，弹性降低，肠管扩张，呈半透明状。

（五）预防

①平时加强防疫工作，特别是冬季，防止疾病传入。

②不从有病地区引入新猪。防止狗、猫等动物进入猪舍。运饲料的工具和饲养人员的鞋、衣帽等要注意消毒。

③临产母猪务必在消毒过的猪舍里分娩。

④猪群发病时，立即隔离病猪，并用碱性消毒药严格消毒。

⑤在产前45天和15天，给怀孕母猪的肌肉、鼻内各接种1毫升猪传染性胃肠炎弱毒疫苗。接种上述疫苗可将3日龄哺乳仔猪的保护率提高至95%以上。

### （六）治疗

本病尚无特效治疗方法，只能对症治疗。

①每天给予足量的含电解质的清洁饮用水。

②选用氟苯尼考、磺胺类药物等治疗继发感染。

③每天口服康复母猪抗凝血或血清10毫升，连用3天，对新生仔猪有一定的治疗和预防作用。

④对严重脱水的猪静脉注射葡萄糖盐水、复方氯化钠。

## 四、猪伪狂犬病

### （一）病原

由疱疹病毒引起的一种急性传染病。病猪、带毒猪及鼠类为主要传染源。病原随鼻腔分泌物、唾液、乳汁、粪尿及阴道分泌物排出体外，通过多种途径侵袭消化道、呼吸道、皮肤伤口及生殖系统等。

### （二）流行特点

①猪及其他多种动物均能感染。

②易感性与年龄有关，10~20日龄的仔猪感染后死亡率较高。

③一年四季都能发生，主要在春、冬季。以散发性流行为主。

### （三）临床症状

怀孕母猪感染后，可能流产、生下死胎及延迟分娩，流产、死胎的胎儿大小差异不大。也有部分弱仔于产后1~2天内呕吐、腹泻、精神萎靡、运动失调，最后痉挛而死。母猪流产后，下次发情、受胎不受影响，但能继续带毒、排毒。

哺乳期的母猪感染后，本身并无明显的临床症状，或只表现为短暂发热。但哺乳仔猪可因吮奶而感染本病，日龄越小，病情越严重。其特点是全窝仔猪都发病，表现为体温升高，全身症状明显，眼睑肿胀，视力丧失，兴奋不安，转圈运动，在2~3天内全部死亡，但不出现奇痒症状。

感染的仔猪断奶后发病，短期发热，兴奋不安，步伐不稳，转圈运动，叫声嘶哑，最后多系统衰竭死亡，死亡率很高。

60日龄以上的猪，症状轻微或呈隐性感染，只表现为短期发热，精神萎靡，食欲减退，有的出现咳嗽和呕吐，一般经3~5天后便可自然康复，有时甚至不被人们发觉。

### （四）病理剖检

一般无特殊病变。严重者呼吸道及肺部充血、水肿，淋巴结肿大，胃肠道黏膜发生卡他性或出血性炎症，胃底大片出血。胎儿与仔猪肝、脾、肾、肺出现小坏死灶。

### （五）预防

①坚持做好灭鼠工作。

②病猪是重要的传染源，须防止购猪时带入病原。

③对疫区及受威胁地区的猪接种伪狂犬病弱毒苗，哺乳仔猪注射0.5毫升，断奶时再注射1毫升，3月龄以上猪注射1毫升，成年猪和妊娠母猪注射2毫升。在安全区可用灭活苗进行预防。

### （六）治疗

本病尚无特效疗法。

①封锁发病猪场，隔离扑杀病猪。

②仔猪在发病初期可使用抗伪狂犬病病毒的高免血清或丙种球蛋白治疗。

③注射耐过猪全血，12~14天后重复1次。

## 五、猪水疱病

### （一）病原

由猪水疱病病毒引起的一种热性、高度接触性传染病。病猪和带毒猪是主要传染源。通过粪尿、唾液、乳汁和水疱液等经消化道、呼吸道、损伤的皮肤和黏膜传播。

### （二）流行特点

①仅猪易感，人偶有感染。

②在猪密度大和调运频繁的场所传播快、发病率高，但死亡率低。

③各种年龄、品种的猪一年四季均有发生。

### （三）临床症状

一般潜伏期2~5天。发病初期，一部分猪突然拒食、跛行，很快传染全群，蹄部肿胀、充血，体温升至40~41摄氏度。病猪一只或几只蹄的蹄冠周围及趾间有大小不等的水疱，皮肤溃疡常扩散到掌部并伴有脚垫变松的现象。有的在乳头、口腔黏膜和鼻腔上可见水疱。有痛感，行走困难。继发细菌感染，严重者蹄壳脱落，卧地不起。一般10天可自愈。应注意与口蹄疫的区别。

### （四）病理剖检

特征性病变主要在蹄部、鼻、唇、舌，有时也在乳房上出现水疱。严重病例淋巴结局部出血和心内膜条状出血。其他内脏多无明显病变。

### （五）预防

①每头猪肌内注射猪水疱病弱毒疫苗2毫升，免疫期为6个月。肌内注射2毫升灭活疫苗，免疫期为2个月。

②高免血清按每千克体重0.1~0.3毫升肌内注射，免疫期为1个月。

③可用5%氨水、10%漂白粉、3%福尔马林、1%高锰酸钾等进行消毒。

### （六）治疗

本病尚无特效疗法。

①用康复猪血清或免疫血清按每千克体重0.2~0.4毫升皮下注射。

②溃疡面用0.1%高锰酸钾洗净，涂抹紫药水治疗。

## 六、流行性感冒

### （一）病原

由猪流感病毒和嗜血杆菌协同作用引起的一种高度接触性、急性呼吸道传染病。病猪是主要传染源，病猪在咳嗽时排出大量病原体，经呼吸道感染健康猪。

### （二）流行特点

①猪对本病有极大的易感性，不同年龄、性别及品种的猪都能感染并造成流行。

②地方性流行或大流行。

③有较明显的季节性，多发生于气温骤变和冷湿季节。

### （三）临床症状

以高热、喘气、咳嗽、流鼻涕为特征。传播快，常是全群发病，大批猪突然病倒。病猪体温升高到40~41.5摄氏度，厌食，发出轰鸣声并急促呼吸，咳嗽剧烈，流鼻涕，精神沉郁，肌肉疼痛，不愿站立。发病率高，可达100%；但死亡率较低，为4%左右。

母猪妊娠期得病，有时会生下死胎或导致仔猪发育不良。

（四）病理剖检

支气管渗出液中有较多的纤维蛋白沉积在肺浆膜和胸膜表面，60%的肺小叶有炎症，肺小叶间出现水肿。心包液和胸腔内有大量纤维蛋白絮。气管、淋巴结肿胀而湿润。

（五）预防

①在潮湿和气候急剧变化的季节，应特别注意猪群的饲养管理。猪舍保持清洁卫生、干燥，冬季注意防寒保暖。

②病猪要及时隔离，猪舍、用具用碱性消毒药消毒。

（六）治疗

本病尚无特效药，一般对症治疗。

①肌内注射30%安乃近注射液3~5毫升。

②肌内注射复方氨基比林注射液5~10毫升。

③全身症状严重时，可用青霉素、链霉素等抗生素治疗或用磺胺类药物预防与控制并发症。

④盐酸林可霉素注射液加阿莫西林与清开灵注射液混合，按每千克体重0.2~0.5毫升肌内注射，每天1次，连用3天。或用板蓝根注射液5~10毫升肌内注射，每天2次，连用2~4天。

⑤荆芥、防风、羌活、独活、前胡、柴胡、枳壳、川芎、茯苓、桔梗各40克，甘草20克。每天一剂，水煎2次，滤渣取汁，候温，分2次灌服。或研磨成末，开水冲调，候温灌服。连服3~4天。

## 七、流行性乙型脑炎

（一）病原

本病又称日本乙型脑炎，简称“乙脑”，是由流行性乙型脑炎病毒引起的一种人畜共患传染病。病猪和带毒猪是传染源，传播途径主要是蚊子等吸血昆虫，也可经胎盘和交配感染。公猪、育肥猪、母猪主要通过消化道和呼吸道感染。

（二）流行特点

①多种哺乳动物和鸟类均可感染。主要发生于初产母猪。

②呈地方性或散发性流行，集约化规模养猪发病率较高，一旦发生，猪场可能连续几年繁殖性能下降。

③有明显的季节性，多发生于夏、秋蚊子滋生的季节。

（三）临床症状

猪突然发病，体温40~41摄氏度，持续数天至十几天，精神萎靡，嗜睡，食欲减退或废绝。粪呈球状，表面附着白色黏液。有的后肢轻度麻痹，关节肿大，跛行。有的视力发生障碍。怀孕母猪感染仅发生不同程度的流产，流产前乳房膨大，流出乳汁。流产胎儿大小差别很大，小的如人的拇指，大的与正常胎儿一样。有的超过预产期也不分娩，特别是初产母猪，康复后，仍能正常配种和产仔。公猪除有一般症状外，常发生一侧或两侧睾丸肿大、发热及痛感，2~3天消退，大部分公猪睾丸萎缩而失去配种能力。

（四）病理剖检

流产母猪子宫内膜充血、水肿，较大的死胎和流产胎儿皮下水肿，脑内积水，浆膜腔积液，肌肉变色，似被煮熟样。脑实质呈现典型的非化脓性脑炎，血管周围有大量的细胞浸润，神经细胞发生变性、坏死。肝脾常见多发性坏死灶，脑脊膜充血及出血，全身淋巴结出血。公猪睾丸实质充血、出血，有小坏死灶。

（五）预防

①保持猪舍周围的环境卫生，消灭蚊子的滋生场所。

②经常灭蚊。

③在蚊子大量滋生的前1个月，给4月龄以上的猪接种乙型脑炎弱毒疫苗。

### （六）治疗

本病尚无特效疗法。

①用抗生素、磺胺类等药物防治继发感染。

②静脉注射100~200毫升25%山梨醇或20%甘露醇。

③若体温持续升高，可肌内注射安乃近。

## 八、猪细小病毒感染

### （一）病原

由猪细小病毒引起的，以猪的繁殖障碍为症状的传染病。病猪及带毒猪是传染源。病原由分泌物排出，经口鼻、生殖器感染健康猪。

### （二）流行特点

①该病毒仅感染猪。

②地方性或散发性流行。一旦出现感染，3个月内猪群感染率可达100%。

③被污染的猪舍空出4个半月后，易感猪进入仍可感染。

④既可水平传播，又可垂直传播。

### （三）临床症状

主要是妊娠母猪出现流产，产死胎、木乃伊胎、畸形胎、弱胎等，产子减少。母猪妊娠30~50天感染主要产木乃伊胎，50~60天感染主要产死胎，70天感染造成流产，70天以后感染则能正常生产。感染母猪可能再次发情；或既不发情，也不产仔。其他猪一般无明显的临床症状。

### （四）病理剖检

母猪子宫内膜有轻度炎症，胎儿在子宫内可被溶解和吸收或发育不良。胎儿充血、水肿、出血、体腔积液和脱水，死胎在脑白质和软脑膜有增生的外膜细胞、细胞组织和浆细胞形成的血管套为特征的脑膜脑炎变化，多种细胞组织坏死和核内包涵体。

### （五）预防

①尽量自繁自养。从安全猪场引入种猪必须进行2次血清学检查。

②将发病母猪、仔猪隔离或淘汰，血清学检查为阳性的公猪立即淘汰。因本病发生流产或木乃伊胎儿的同窝幸存者，不可留作种猪用。

③在初配母猪配种前2个月左右，注射猪细小病毒灭活苗。在疾病流行地区将母猪的初配时间推迟到9月龄后。

### （六）治疗

本病尚无特效疗法。

## 九、猪繁殖与呼吸综合征

### （一）病原

猪繁殖与呼吸综合征也叫猪蓝耳病，是由猪繁殖与呼吸综合征病毒引起的一种高度接触性传染病。主要传染源是病猪和带毒猪，主要由接触感染或空气传播，其次是垂直传播感染和配种感染。

### （二）流行特点

①仅见于猪，任何年龄的猪均可感染，主要感染妊娠母猪和

哺乳母猪。

②传播迅速，传染性极强。初次传播时呈大流行性，以后呈地方性流行。

（三）临床症状

早期症状似流感，以发热、厌食、无乳、嗜睡为特征，可持续几天到两周。接着，便出现蓝耳，阴户、腹、胸、口鼻皮肤发绀，呼吸困难，咳嗽，严重者死亡。母猪在出现厌食、不安、发热（一般为40~41摄氏度）等症状后，往往发生流产、死产、早产。死产胎儿常自溶或水肿以及皮肤呈棕褐色，偶尔可见木乃伊胎儿；活产的仔猪体小而衰弱，死亡率高。所有同群母猪均可被感染，康复后再次配种受孕率下降，发情推迟、不规则。种公猪感染后，有些症状也和母猪一样，并伴有暂时性精液质量下降，一般4个月后可恢复正常。新生仔猪和哺乳仔猪张口呼吸、流鼻涕、打喷嚏、呕吐或腹泻，最后倒地出现神经症状，死亡率50%~60%。仔猪出生后呼吸困难，体温升高，全身症状明显。育成猪双眼肿胀，结膜发炎，腹泻有时带血，并出现肺炎。

（四）病理剖检

病死猪眼睑肿胀突出，头部、臀部皮下水肿，胸腔积水，心包积液，心室扩张，心肌变性萎缩，脑水肿，淤血，肝炎，卡他性或出血性肠炎，肾皮质点状出血。常见间质性肺炎，病灶散在肺脏四周，或呈局部病变。肺中隔因单核细胞，特别是巨噬细胞浸润而增厚，肺泡腔中可见变性细胞和蛋白碎片。有的病猪还有淋巴浆细胞性鼻炎、肺炎等病变。

（五）预防

①重视猪群的检疫，必须从无病猪场引种。

②加强母猪、哺乳猪和断奶仔猪的饲养管理。做好猪场的卫

生消毒和隔离工作。

③实行仔猪早期断奶并隔离饲养。

④可用猪繁殖与呼吸综合征弱毒疫苗或灭活疫苗预防。

（六）治疗

本病尚无特效药，可使用抗生素及时进行对症治疗以防继发感染。

## 第二节　细菌性传染病

### 一、猪丹毒

（一）病原

由猪丹毒杆菌引起的一种急性、热性传染病。病猪、带菌猪是主要传染源。健康猪接触了被污染的饲料、喝了被污染的饮用水后，经消化道、皮肤感染。蚊蝇也可传播。

（二）流行特点

①不同年龄、品种、性别的猪均可感染，3~6月龄的猪发病较多。

②一般多发生于夏、秋多雨潮湿季节，呈地方性或散发性流行。

（三）临床症状

潜伏期一般3~5天，分为急性型、亚急性型、慢性型3种。

**1. 急性型**

较常见，突然暴发，病猪体温42摄氏度以上，精神沉郁，食欲废绝。耳、颈、下腹和大腿内侧皮肤发红或出现红斑，指压褪色。后期呼吸困难，后肢麻痹，病程3~4天。若治疗不当，多因急性败血症死亡，死亡率50%~80%。

### 2. 亚急性型

在发病后约2天，胸、腹、四肢等部位出现长方形或菱形的疹块。疹块中央坏死，形成痂皮脱落。病程10~12天，死亡率低。

### 3. 慢性型

少见，由前两个类型转变而来。体温正常或稍高。有的四肢关节发炎、跛行；有的患心膜炎，心脏衰弱，呼吸困难，咳嗽；有的背、尾、耳等局部皮肤坏死，生长发育不良。严重的2~4周死亡。

## （四）病理剖检

急性型表现为全身淋巴结肿大，皮肤呈弥漫性紫红色。脾脏、肾脏肿大淤血，樱红色，切面外翻，质地软。胃肠道黏膜充血、出血，十二指肠和空肠段有卡他性或出血性炎症，心包积液，心内膜、外膜可见小点出血。亚急性型表现为皮肤红色疹块。慢性型表现为疣状心内膜炎，有菜花样灰白色增生物或溃疡。关节腔内有纤维性渗出物，关节肿大。

## （五）预防

①做好卫生和消毒工作。

②有病猪时，及时隔离、封锁，做好尸体无害化处理。猪舍用具彻底消毒，对受威胁猪紧急注射疫苗。

③每年春、秋注射猪丹毒弱毒疫苗。

## （六）治疗

①青霉素、链霉素肌内注射，每天2次。

②用磺胺类药物、土霉素等治疗。

③皮下或静脉注射抗猪丹毒血清，仔猪5~10毫升、育肥猪30~50毫升、成猪50~70毫升，15~24小时内重复1次。

## 二、猪肺疫

### （一）病原

猪肺疫又叫猪出血性败血症、猪巴氏杆菌病、锁喉风。是由多杀性巴氏杆菌引起的急性传染病。在健康猪的上呼吸道和消化道中，常有些非致病性的巴氏不动杆菌，当存在如寒冷、过劳、饥饿、营养不良和寄生虫等因素，猪抵抗力减弱，菌的毒力增强，大量繁殖，使猪发病。健康猪接触病猪的排泄物，经消化道、呼吸道感染。

### （二）流行特点

①呈散发性流行，有时也呈地方性流行，大小猪都可发生，青年后备猪易感。

②常年发生，多继发于其他传染病。

### （三）临床症状

#### 1. 最急性型

突然发病，迅速死亡，往往无任何症状。病程稍长的，可表现为体温升高到41~42摄氏度，食欲废绝，卧地不起，烦躁不安，心跳加快。咽喉部发热、红肿、坚硬，严重者症状向上延及耳根、胸前。病猪呼吸极度困难，常是犬坐姿势，有时气喘吁吁。可视黏膜发绀，腹侧、耳根及四肢内侧皮肤出现红斑。病程1~2天，死亡率很高。

#### 2. 急性型

除具有败血症以外，还并发急性胸膜炎。体温升到40~41摄氏度，初期痉挛性干咳，呼吸困难，后期变为湿咳，咳时有痛感。叩触胸部痛感明显，呼吸更加困难，常呈犬坐姿势。可视黏膜呈蓝紫色，眼有脓性分泌物，初期便秘，后期腹泻，皮肤有红色斑点，病期5~8天。

**3. 慢性型**

持续性咳嗽，呼吸困难，鼻有少许脓性分泌物，食欲时好时坏。体温多正常。腹泻，粪便恶臭。病猪极度消瘦，有的关节肿胀，跛行。死亡率60%~70%。

### （四）病理剖检

全身出血。肺部病变发炎，出现出血、水肿、气肿，伴有红色和灰色肝样变期。切面颜色如大理石样，在胸膜腔有纤维素性附着物及胶样渗出液，病程长时，胸膜与肺黏膜在肺部有干酪样及坏死性病变，胸腔和心包内带有淡红色积液。全身淋巴结肿大，切面呈红色。颈部常肿胀发炎，尤以咽喉部及周围结缔组织出血性浆液浸润为特征。切开颈部皮肤，可见大量胶冻样、淡黄色纤维素性浆液。

### （五）预防

①长途运输、气候变化、饲养条件不良及饲养管理不当，是本病的重要诱因。因此应加强饲养管理，保持饲养管理条件稳定、良好。

②做好猪舍卫生、定期消毒，病猪应严格隔离、治疗，死猪深埋或做无害化处理。

③每年春、秋两季，或定期注射猪肺疫菌苗或三联苗。

### （六）治疗

①青霉素与链霉素按每千克体重各1万~2万单位肌内注射，每天1~2次，连用2~3天。

②磺胺类药物肌内注射，每天2次，连用3~5天。

③庆大霉素按每千克体重1000~3000单位肌内注射，每天2

次，连用2~3天。

④抗猪肺疫血清按每千克体重2毫升皮下或肌内注射。

## 三、猪副伤寒

### （一）病原

猪副伤寒又叫猪沙门氏菌病，是由猪霍乱沙门氏菌属引起的一种仔猪常见传染病。病猪和带菌猪，尤其是带菌母猪是主要传染源。病猪粪尿排出的细菌污染环境、饲料与饮用水等，经消化道传播。

### （二）流行特点

①2~4月龄、体重10~15千克的小猪多发。

②一年四季均可发生，多在气候寒冷、多变、阴雨连绵的季节发生。

③仔猪断乳不久、饲料突变、圈舍潮湿拥挤、长途运输、饲养管理条件差时，容易造成散发性或地方性流行。

### （三）临床症状

潜伏期长短不一，短的数天，长的可达数周，通常4~6天。

**1. 急性型**

常见于断奶后的仔猪。突然发病，体温41~42摄氏度。精神不振，吃食减少或不吃食，不爱走动，打寒战。眼结膜发红，有黏性分泌物。耳根、鼻端、脸部及四肢内侧的皮肤发紫或伴有出血斑。黏膜发绀，出现呕吐、腹泻、呼吸困难，甚至心脏衰竭而死亡。病程为2~4天。

**2. 慢性型**

最多见，以下痢为特征。粪便为粥状或水样，呈灰绿、黄绿或暗绿色，有时混有血液，恶臭，严重时失禁。体温升高不明显，食欲降低，饮水增加。持续下痢，日渐消瘦。有的因继发性肺炎而咳嗽，呼吸困难，最后极度衰竭而亡。病程在2周以上，耐过本病的仔猪多成为僵猪。

（四）病理剖检

**1. 急性型**

脾脏肿大，边缘钝，触时有似橡皮的感觉，切面呈蓝红色。心外膜、肾有出血点。淋巴结肿大出血，切面呈大理石状，与猪瘟相似。胃肠黏膜发红、肿胀，可见出血点。肺部有肺炎变化。

**2. 慢性型**

盲肠、结肠和回肠肠壁增厚，硬如橡皮管状，黏膜上形成弥漫性、融合性、边缘不整的干酪样坏死及溃疡面。肠系膜淋巴结呈索状肿胀，有干酪样坏死。肝有针尖大至小米粒大的灰黄色坏死灶。脾有干酪样坏死。

（五）预防

①平时加强仔猪的饲养管理，提高仔猪的抗病能力。

②圈舍和运动场定期消毒，消除病原体。

③严格处理病猪尸体和粪便，病死猪应深埋。

④在饲粮中添加适量抗生素，对该病有一定的预防作用。

⑤常发病的猪场和地区，用仔猪副伤寒干燥弱毒菌苗进行预防注射。稀释后的菌苗要在4小时内用完。

（六）治疗

治疗药物很多，常用以下几种。

①土霉素按每千克体重40~50毫克口服或肌内注射，每天2次，连用3~5天。

②硫酸新霉素按每头50~100毫克口服，每天3次，连用3~5

天。对重病猪疗效较好。

③庆大霉素、卡那霉素、泰乐菌素、多西环素和磺胺类药物也有疗效。

## 四、猪链球菌病

### （一）病原

由多种链球菌感染引起，该病为人畜共患病。病猪和带菌猪是主要传染源。主要经呼吸道、消化道及皮肤创伤等途径传播。新生仔猪通过阉割、断脐感染。

### （二）流行特点

①大小猪均可感染，其中断奶仔猪发病率和死亡率高，成年猪发病较少。

②无明显的季节性，但5~11月份发病最为常见，冬季发病较少。

③在初发地区呈暴发性，常发地区呈地方性和散发性流行。

### （三）临床症状

#### 1. 最急性型

无任何症状突然死亡。

#### 2. 急性败血症型

多见于断奶仔猪。发病突然，体温升至41~43摄氏度，精神不振，食欲减退。颈背部皮肤广泛性充血、潮红。有些病猪呼吸加快，流鼻涕，呈现肺炎症状；有的病猪呈现局部性关节炎或神经症状。多数于1~3天内死亡。

#### 3. 脑膜脑炎型

多见于哺乳仔猪及断奶仔猪。病猪体温升高，表现神经症状，四肢不协调，转圈，磨牙，空嚼，仰卧，后肢麻痹。有的病猪侧卧，四肢呈游泳状，直至昏迷死亡。

**4. 关节炎型**

四肢关节疼痛，跛行，行走困难或卧地不起，触诊时局部有波动，病猪精神、食欲时好时坏，严重者常死亡。有的病猪能自行恢复。

**5. 淋巴结脓肿型**

多见于断奶到育肥阶段的猪。病猪颌下淋巴结、咽部淋巴结和颈部淋巴结等发生化脓性炎症，触摸有热痛感。通常无明显的全身症状，但有时亦影响病猪采食、咀嚼、吞咽和呼吸。脓肿部中央逐渐变软，表面皮肤坏死，最后自行破溃，多数能痊愈。

（四）病理剖检

**1. 急性败血症型**

尸体皮肤有紫斑，全身淋巴结肿大、出血。皮下、浆膜、黏膜均有出血点。脾和肾肿大、充血和出血。胃肠黏膜充血、出血。胸腔及腹腔常见纤维渗出物。

**2. 脑膜脑炎型**

脑和脑膜充血、出血。脑脊髓液增多，心瓣膜增厚。心包膜、胸腔、腹腔有纤维素性炎。全身淋巴结肿大、充血和出血。

**3. 关节炎型**

关节周围水肿，纤维组织增生，严重者关节周围化脓坏死，关节面粗糙，关节囊内有胶冻样液体或纤维蛋白性渗出物。

**4. 淋巴结脓肿型**

头颈部淋巴结，特别是下颌淋巴结肿大，切面有脓汁或坏死灶。

（五）预防

①发现病猪及可疑病猪，立即隔离治疗。病猪康复半个月后才能宰杀。急宰猪或宰后发现可疑病变者，胴体应作高温无害化处理。

②发现疫情后，用土霉素等进行全群药物预防。

③在常发地区或猪场，用猪链球菌氢氧化铝菌苗或弱毒苗进行免疫接种。

（六）治疗

对急性败血症型、脑膜脑炎型、关节炎型病猪，在发病早期使用足量的抗菌药物有较好疗效。

①肌内注射青霉素，每天2次，连用3天。

②肌内注射链霉素，每天2次，连用5~7天。

③肌内注射磺胺类药物，每天2次，连用3天。

④肌内注射庆大霉素、阿莫西林加地塞米松。

⑤若淋巴结脓肿已成熟，可将肿胀部位切开，排出脓汁，用3%过氧化氢或0.1%高锰酸钾冲洗后，涂碘酒，不缝合，几天后可痊愈。

⑥头孢噻呋按每千克体重3~5毫升肌内注射，重症加倍，1天1次，连用2~3天。

## 五、仔猪黄痢

（一）病原

仔猪黄痢又称早发性大肠杆菌病，是一种由致病性的大肠杆菌引起的急性、致死性传染病。带菌母猪是主要的传染源，仔猪通过接触被污染的母猪乳头、皮肤、地面和用具等感染。

（二）流行特点

①本病主要发生于7日龄以内的哺乳仔猪，以1~3日龄最多见。

②一窝一窝地发生，一窝仔猪发病率可达90%，死亡率高。

③发生和流行无明显的季节性。一次流行后，长期存在。气候寒冷、气候突变、卫生条件差时多发。

（三）临床症状

流行初期病猪突然表现羸弱，很快死亡。病程稍长的主要表现为腹泻，排含有乳汁凝块的黄色或黄白色稀粪。粪便玷污尾、会阴和后腿等处，被毛和粪便黏在一起，形成痂块。精神沉郁，吃奶减少或不吃，呈昏迷状态最后死亡。

（四）病理剖检

肠黏膜呈急性卡他性炎症，肠壁变薄、松弛，尤以十二指肠最为严重。肠系膜淋巴结色淡或呈黄色，质地柔软而脆弱，表面有弥漫性小出血点。肝、肾常有小坏死灶。

（五）预防

①坚持自繁自养，不从病猪场买猪。

②注意圈舍卫生，定期消毒。

③尽早让仔猪吃上初乳。

④用0.1%高锰酸钾擦拭母猪乳房。

⑤在常发病的猪场，仔猪出生12小时内用链霉素、新霉素等药物进行预防。

⑥预防接种，可用双价基因工程疫苗（K88、K99）等在怀孕母猪产前15~25天免疫，也可于仔猪出生后立即口服乳康生或促菌生进行预防。

### （六）治疗

治疗方法很多，抗生素是基本药物。

①链霉素溶于水，每天灌服2次，连续3天。

②庆大霉素肌内注射，每天1次，连用3天。

③乙酰甲喹口服，每天2次，连用3天。

④可用土霉素、磺胺类药物治疗。

⑤氟苯尼考注射液按每千克体重20毫升肌内注射。

## 六、仔猪白痢

### （一）病原

仔猪白痢又称迟发性大肠杆菌病，是一种由致病性大肠杆菌引起的多发于10~30日龄仔猪的常见肠道传染病。仔猪吃了病猪带大肠杆菌的乳汁，由消化道感染。

### （二）流行特点

①本病主要发生于1月龄以内的仔猪。

②各窝仔猪发病情况不同，有的症状轻或仅个别发病，有的发病率达80%。死亡率低。

③无明显季节性，一年四季均可发生。发病与应激因素有关，如气候不好、潮湿阴雨、母猪乳汁过浓、饲养管理不善等。

### （三）临床症状

病猪腹泻，排乳白、灰白、淡黄或黄绿色内含黏液的稀便，腥臭，有时混有气泡。仔猪消瘦，被毛粗乱无光，尾和后肢被粪便污染，精神委顿，吃奶减少或不吃，严重的最后因昏迷虚脱而死。

### （四）病理剖检

病死仔猪多无特异性病变，肠内有不等量的食糜和气体，肠黏膜轻度充血潮红，肠壁变薄，肠系膜淋巴结水肿。实质脏器无明显变化。

（五）预防

①加强母猪的饲养管理，产前、产后1个月给母猪加喂抗贫血药物。在母猪生产前一周开始，每吨饲料添加氟苯尼考60~80克或多西环素80~150克，一直到生产后2周。

②加强仔猪的饲养管理。

③给仔猪口服预防性益生菌制剂。

④在仔猪出生3天内，给仔猪注射右旋糖酐铁等补血剂。

⑤用双价基因工程疫苗（K88、K99），在母猪产前15~25天免疫注射。

（六）治疗

用抗生素治疗，方法与治疗仔猪黄痢相同。

## 七、仔猪红痢

（一）病原

仔猪红痢又称猪梭菌性肠炎、猪传染性坏死性肠炎，是由C型产气荚膜梭菌引起的仔猪急性、致死性传染病。病原从母猪肠道内随粪便排出，初生仔猪接触被污染的工具或母猪乳头等通过消化道感染。

（二）流行特点

①本病发生于1周龄以下的仔猪，以1~3日龄最多见，偶尔也在2~4周龄及断奶猪中发生。

②突然发病，仔猪发病率9%~100%，病死率20%~70%。

### （三）临床症状

**1. 最急性型**

排血便，往往于出生后当天或次日死亡。

**2. 急性型**

排浅红褐色水样粪便，多数于出生后第3天死亡。

**3. 亚急性型**

前期排黄色软粪，后呈淘米水样便，含有灰色组织碎片，极度消瘦和脱水，出生后5~7日内死亡。

**4. 慢性型**

呈间歇性或持续性下痢，粪便含灰黄色黏液，最后死亡或成僵猪。

### （四）病理剖检

病变主要表现在小肠和肠系膜淋巴结，空肠的病变最重。最急性型病例，空肠呈暗红色，肠腔充满血液，腹腔内有较多的红色液体，肠系膜淋巴结呈鲜红色。急性型病例的肠黏膜坏死变化最重，肠绒毛脱落，有一层坏死性假膜。亚急性型病例的肠壁变厚、易碎，有广泛性、坏死性假膜。慢性型病例的肠黏膜有坏死带。

### （五）预防

①做好猪舍及周围环境的清洁卫生和消毒工作。

②圈舍和分娩母猪的乳房应于临产时彻底消毒。

③于母猪分娩前半个月和1个月肌内注射C型产气荚膜梭菌灭活苗或基因工程苗，每次5~10毫升。

④在仔猪出生后用抗生素进行预防。

### （六）治疗

①青霉素每头8万~10万单位，口服1次。

②链霉素每头80~100毫克，口服1次。

③新霉素、庆大霉素也有一定治疗效果。

## 八、仔猪水肿病

### （一）病原

致病性大肠杆菌产生的毒素引起的传染病。主要是由于仔猪断奶前后的饲料变化，加上气候、卫生等方面的不良因素，使大肠杆菌在肠道内大量繁殖。病猪是传染源，健康猪接触病猪粪便后经消化道感染。

### （二）流行特点

①发生于断奶后1~2周的健壮仔猪。

②多为散发性流行，有时呈地方性流行。突然发生，骤然消失。发病率不高，但病死率很高，发病率10%~35%，病死率约90%。

③四季发病，春、秋多见。

### （三）临床症状

一般无明显的前期症状，急性发病常在几小时内死亡。发病突然，精神沉郁，食欲减退或完全停食。心跳快，发病初期呼吸快而浅，后来慢而深。病猪静卧一隅，震颤，不时抽搐，四肢划动呈游泳状，触动时敏感，发出嘶哑的叫声。站立时背部拱起，发抖，前肢麻痹，则站立摇晃；后肢麻痹，则不能站立。行走时四肢无力，共济失调，摇摆不定，盲目前进或做圆圈运动。体表某些部位的水肿是本病的特殊症状，常发生于眼睑、结膜、齿龈等处，有时颈部和腹部的皮下也有水肿。病程数小时到1~2天，长的7天，最终死亡。

### （四）剖检病变

尸体营养良好。主要表现为全身多处组织、器官水肿。体表水肿可见于头、面、下颌、颈部及腹部皮下。消化道水肿突出表现在胃底部黏膜下及结肠系膜内。水肿层厚可达2厘米以上。下颌及肠系膜淋巴结亦常见水肿及出血。小肠黏膜往往红肿发炎。

### （五）预防

①加强仔猪断奶前后的饲养管理。刚断奶的仔猪饲料不能突然改变，应定量饲喂，不可过饱。

②围栏要保持清洁、干燥。

③仔猪及哺乳母猪饲料的营养要符合标准。

### （六）治疗

①氢化可的松注射液按每千克体重3~5克肌内或静脉注射，每天2次。

②磺胺类药物注射液肌内注射，每天2次。

③链霉素每千克体重1万单位，每头猪维生素 $B_{12}$ 100~200毫升肌内注射，每天2次，连用2天。

④青霉素肌内注射，每天2次。

⑤庆大霉素肌内注射。

## 九、猪传染性胸膜肺炎

### （一）病原

由胸膜肺炎放线杆菌引起的急性、热性猪呼吸道传染病，是集约化猪场发生猪肺炎的重要原因。带菌猪和病猪是主要传染源。病原存在于病猪及带菌猪呼吸道内，通过飞沫、空气或接触传播。圈舍卫生差、饲养密集、潮湿及气候骤变可促进传播。

### （二）流行特点

①本病可发生于各年龄阶段的猪，但3~4月龄猪发病死亡较多。

②呈“跳跃式”传播，小规模暴发或散发。初发病猪群发病率及病死率均高，以后逐渐减少，发病率在8.5%~100%之间，病死率在0.4%~100%之间。

### （三）临床症状

潜伏期1~7天。最急性型无明显的症状而突然死亡。急性型呈败血症，体温升高至41~42摄氏度，呼吸困难。常站立或是犬坐姿势，不愿卧下，表情漠然，食欲减退，有短期的下痢和呕吐。发病3~4天后，循环系统发生障碍，鼻、耳、腿等皮肤发绀，病猪卧于地上。发病后期张嘴呼吸，临死前从鼻中流出带血色的泡沫液体。亚急性型和慢性型仅出现亚临床症状，也有的是从急性型病例转变而来的，不发热，有不同程度的间歇性咳嗽，食欲不振。若环境良好，无其他并发症，常能耐过，但病猪厌食，生长迟缓。此病对增重有一定的影响。

### （四）剖检病变

病变主要发生在胸部，表现大出血、坏死性肺炎及胸膜炎。肺炎区呈两侧性，轮廓清楚，紫红、坚实，间质出血与水肿。与其他肺炎不同，病变常发生于靠横膈膜的肺上叶。病变肺部及胸膜上覆盖纤维素，形成广泛胸肺粘连。病程较长者出血减轻，肺出现干酪样坏死或脓肿。

### （五）预防

①做好猪舍的清洁卫生并重视环境控制，降低饲养密度，注意通风。

②规模猪场应定期进行血清学检查，淘汰带菌猪，保证猪群

健康。

③应迅速隔离发病猪，及时治疗，并对栏舍消毒。

④在饲料中添加土霉素、磺胺类药物等进行预防。

⑤可用从当地分离的菌株制成自家疫苗免疫预防。

（六）治疗

①青霉素每天2次，连用3天。

②土霉素每天2次，连用3天。

③对发病的同群猪每吨饲料加600克土霉素进行治疗。

④卡那霉素、磺胺类药物、头孢噻呋均可用于治疗。

## 十、猪传染性萎缩性鼻炎

（一）病原

由支气管败血波氏杆菌、D型多杀性巴氏杆菌（偶尔为A型）引起的一种慢性、接触性猪传染病。病原常存在于上呼吸道。病猪、隐性感染带菌猪是主要传染源，主要以飞沫方式经呼吸道传播，昆虫、被污染的用具和管理人员也可传播。饲养管理条件差、营养缺乏可诱导发病。

（二）流行特点

①任何年龄的猪均能感染，2~5月龄的猪最易感染。

②本病一年四季均可发生，但以秋、冬产仔时较多发。一般呈散发性流行，也可呈暴发性流行。感染率25%~75%，病死率低。

（三）临床症状

病猪最初断续或持续地打喷嚏，有鼻塞音，在吃食和运动时更为明显。很不安静，头部强烈抖动，用前肢搔抓或在槽边和墙上摩擦鼻子。鼻黏膜充血，常从鼻腔流出脓鼻涕，有时带血。在表现鼻炎症状的同时，眼睛流泪，以至于眼下形成一个湿润半月形区，因附着尘土变成黑色。数日龄至数周龄的仔猪可发生鼻甲骨萎缩，随着病程的发展，构成鼻腔和鼻窦的骨生长缓慢，鼻甲骨变形，上颌骨中部的体积增大，致使面部变形。若鼻腔两侧的损害大致相等，则可见到病猪鼻腔的长度和直径缩短。由于皮肤和皮下组织正常生长，致使鼻盘后部形成皱纹。若一侧损害较严重，则鼻腔歪至损害较重的一边，成为歪鼻子猪。这是猪传染性萎缩性鼻炎的最主要病征。

（四）病理剖检

特征性病变是病猪鼻腔的鼻软骨和鼻甲骨的软化及萎缩，特别是下鼻甲骨的下卷曲最为明显，有的鼻甲骨消失，鼻中隔部分或完全弯曲，鼻腔成为一个鼻道。鼻腔有大量的黏性、脓性、干酪样渗出物，鼻窦黏膜充血，有时鼻窦内充满黏性分泌物。

（五）预防

①不从病猪场引购种猪，凡购入的成年母猪或带有哺乳仔猪的母猪应隔离到产后8周，无鼻炎症状方可合群并圈。

②注意检疫，及时淘汰病猪。母猪和仔猪隔离饲养，选择无任何症状的留种，培育健康猪群。

③仔猪出生后立即或数小时后与母猪隔离，定时喂奶。

④母猪产前1个月内在每吨饲料内添加土霉素400克。仔猪断奶前鼻内喷施磺胺类药物，每个鼻孔0.5毫升，每周1~2次。每吨饲料加入磺胺二甲嘧啶100~150克或泰乐菌素100克，连喂4周。

⑤对种母猪和仔猪用灭活菌苗或二联菌苗免疫接种。在母猪产前1~2个月、仔猪1~3周龄时皮下注射。间隔1周，重复皮下注射。

（六）治疗

①1%盐酸金霉素溶液第一个疗程给5~7日龄仔猪每个鼻道注

入1毫升，第二个疗程给30~40日龄仔猪每个鼻道注入1.5毫升，第三个疗程给断奶仔猪每个鼻道注入2毫升。每个疗程连续使用3天。

②肌内注射青霉素、链霉素，每天2次。

③肌内或静脉注射卡那霉素，每天1次，连用3~5天。

④肌内或静脉注射庆大霉素，每天2次。

⑤肌内注射长效土霉素，连用3次。

## 十一、猪布鲁氏菌病

### （一）病原

由布鲁氏菌引起的一种传染病。病猪是主要传染源，排出带菌的胎儿、胎衣、乳汁、分泌物和粪便等污染环境与用具，健康猪吃到被病菌污染的饲料后发病。主要经消化道和生殖道传染，也可经破损的皮肤、黏膜。

### （二）流行特点

①感染范围广泛，人畜共患。

②6~10月龄猪易感，母猪比公猪易感。大部分病猪可自然恢复，少数成为永久性传染源。

③常呈地方性流行，发生后不易清除。

### （三）临床症状

母猪的主要症状是流产。当母猪在交配后受感染时，怀孕早期发生流产，由于胚胎很小，胎儿和胎衣多被母猪吃掉，常不易被人们发觉。感染的母猪在配种30~40天后再发情。流产常发生于妊娠2~3个月。流产前，病猪乳头和阴唇肿胀，阴道流出黏液或脓性分泌物，体温升高，不爱吃食。流产后有的胎儿与母体胎盘发生炎症、粘连，造成胎衣不下。有的病猪由于子宫内膜炎的关系，从子宫和阴道排出污秽的脓性分泌物，屡配不孕，失去繁殖能力。病猪还表现有下痢、精神不振、食欲减退、乳房水肿等症状。大部分感染母猪转入隐性状态，以后仍能正常受孕和分娩，极少出现反复流产。但有的则发生子宫炎、关节炎，尤以后肢关节炎较为多见，表现出跛行和运动不灵活等现象。

公猪的主要症状是发生睾丸炎和附睾炎。一侧或两侧无痛性肿大，睾丸显著肿胀，往往两侧睾丸同时发炎，有热痛，病程较长。后期睾丸萎缩、硬化，失去配种能力。与母猪一样也可发生关节炎，多发生在后肢。

（四）病理剖检

主要病变是流产后的子宫黏膜有许多由针尖大到芝麻大的小结节，结节的中央含有脓液或干酪样物质。胎盘布满出血点，表面有黄色渗出物覆盖，附近淋巴结肿胀、多汁。流产胎儿皮下、肌间出血，胸腹腔有红色液体及纤维素性渗出物，胃、肠黏膜有出血点，脾脏和淋巴结肿大，肝脏中出现坏死灶。公猪睾丸及附睾肿大，睾丸有芝麻粒大小的结节，切面有坏死灶并化脓，后期睾丸萎缩。

（五）预防

①注意检疫工作，严防本病侵入健康猪群。引进种猪时，经检疫健康后方可与其他猪合群共养。坚持自繁自养原则。

②加强一般防疫卫生工作，注意消毒，猪的死胎及排泄物不乱扔，集中处理。

③如果发现病猪，要在大量传播之前果断采取措施，及时隔离、淘汰病猪和可疑猪。

④必要时可用布鲁氏菌病活疫苗（S2株）进行预防接种，以提高抗病能力。最好在配种前1~2个月免疫。

（六）治疗

①肌内注射链霉素，每天1次，连用21天。

②土霉素0.1~0.2克，隔1天后再用6天。

③肌内注射磺胺嘧啶钠，每天1次，连用21天。

## 第三节　其他传染病

### 一、猪气喘病

（一）病原

猪气喘病又叫地方流行性肺炎，是由猪霉形体引起的一种急性或慢性接触性传染病。

病原主要存在于病猪的肺和呼吸道的分泌物中。病猪和带菌猪是此病的主要传染源，在咳嗽和打喷嚏时把霉形体排出，健康猪接触后经呼吸道感染。四季均可发生，但猪只拥挤，圈舍寒冷、潮湿，气候突变，猪只感冒以及不良的饲养管理和卫生条件等能诱发本病。

（二）流行特点

①仅见于猪，大小猪均易发生，但以仔猪、怀孕母猪最易感。

②新疫区呈暴发性流行，发病率和病死率高；老疫区多为慢性发展，死亡率低。

（三）临床症状

潜伏期一般4~12天或更长。此病主要症状为咳嗽、气喘。急性型常见于新发病猪群，尤以怀孕母猪及小猪多见。病猪突然精神不振、呼吸困难，严重者张口呼吸，呈犬坐姿势，口鼻流沫，发出喘鸣声，数米之外可听见。体温一般正常，如有继发感染可到40摄氏度以上。病程一般为1~2周，致死率较高。急性不愈者可转变成慢性。慢性病猪常见于清晨、晚间、运动后或进食后发生咳嗽、气喘。随着病程的发展，常出现不同程度的呼吸困难，呈明显的腹式呼吸。食欲正常或稍有变化，但气喘严重时，病猪食欲下降或不食，后期病猪常张口喘气，不愿走动。如无继发病，体温一般不高，但病程很长，可拖延至半年以上。隐性型从急性型或慢性型转变而成。有的猪在较好的饲养管理条件下不表现临床症状，仅个别猪剧烈运动后偶见咳嗽。

（四）病理剖检

主要病变在肺部和纵隔淋巴结。肺膨大，有不同程度的水肿和气肿。早期病变发生在肺尖叶、心叶上，粟粒大或绿豆大，逐渐扩展融合成多叶病变。肺呈淡灰色或灰红色半透明状，病变界限明显，似鲜嫩肉样，俗称“肉变”。病变部切面湿润致密，常从小支气管流出浑浊灰白泡沫的浆液或黏液，病程延长，病情加重时，病变部呈淡紫色、深紫红色或灰白色、灰黄色，坚硬度增加，俗称“胰变”或“虾肉样变”。肺门和纵隔淋巴结肿大呈灰白色，切面外翻湿润，边缘轻度充血。病变部分与正常部分界限明显，严重者病变可扩展到肺的大部分，最后窒息而死。

（五）预防

①尽量不从外地购进猪。对从外地购进的猪加强检疫，进行隔离观察。

②加强饲养管理，改善猪舍的卫生状况。冬季保温时注意通风，以保持舍内空气良好。

③猪舍应每周带猪消毒1次，可用2%次氯酸钠和0.3%过氧乙酸，两者交替使用。

④早发现并严格隔离病猪，种猪场应将病猪淘汰。

⑤搞好免疫预防。种猪和后备猪每年8~10月份注射疫苗，右胸腔注射5毫升，1~10月龄猪进行早期免疫，剂量减半。

### （六）治疗

治疗办法很多，但均不能根除。

①肌内注射土霉素，每天1次，连用5~7天。

②肌内注射硫酸卡那霉素，每天2次，连续5~7天。

③多西环素、延胡索酸泰妙菌素、氟苯尼考、泰乐菌素也可用于治疗。

## 二、猪痢疾

### （一）病原

由猪痢疾短螺旋体引起的一种肠道传染病。病原存在于病猪的病变肠段黏膜、肠内容物及其排出的粪便中。病猪和带菌猪是主要传染源，其粪便中排出大量菌体，污染环境后经消化道感染健康猪。卫生条件差、饲养管理不当、长途运输等应激因素可诱发本病。

### （二）流行特点

①正常情况下只感染猪，各种年龄的猪均可发生，但7~12周龄的仔猪多发。

②一年四季都能发生，流行速度比较缓慢，持续时间较长。发病率和死亡率较高。

### （三）临床症状

#### 1. 最急性型

病猪往往突然死亡，是猪群开始暴发本病的征兆。病初猪精神稍差，食欲减退，粪便变硬、表面附有条状黏液，便痛。后下痢，粪便黄色呈水样。严重时，患病1~2天粪便即可带有血液和黏液，出现下痢的同时，体温稍高，维持数天，然后下降至正常。随着病程的发展，病猪逐渐消瘦，腹部凹陷，无力起立，运动失调，极度衰竭，最后死亡。

**2. 亚急性型和慢性型**

猪病情较轻，下痢，粪便中有较多的黏液、坏死上皮组织碎片及少量血液，呈暗红色或褐色。病期较长，逐渐消瘦，生长迟滞，死亡的原因多数是脱水、酸中毒或血钾过多。该类型致死率极低，但病猪生长发育不良。

### （四）病理剖检

病灶主要在大肠。最急性型病例为卡他性出血性肠炎。猪肠壁肿胀，黏膜高度充血和出血，肠内容物充满血液和黏液。病程稍长，处于发展期的病例，出现坏死性肠炎。大肠黏膜表面有点状坏死和黄色或灰色假膜，坏死常局限于表层。此时病变肠段黏膜充血和出血，肠内容物混有大量消化液和坏死碎片，血液相对减少。结肠的顶部病变较其他部分显著，但盲肠、结肠和直肠均可出现病变。小肠和肠系膜淋巴结常不受侵害。

### （五）预防

①引进种猪时，进行隔离检疫，在市场购买猪苗时尤其要注意猪的健康状况。

②已被病猪污染的猪舍，对空栏彻底消毒。一般消毒后的圈舍应空舍1个月以上，并经严格检疫后，再引进新猪。

③及时隔离病猪，可用1%~2%臭氧水或0.1%过氧乙酸消毒圈舍及病猪体表。

④原无本病的地区，一旦传入疾病，病猪应全部淘汰。

⑤被病猪污染的猪场，猪饲料加入乙酰甲喹，连用30天。

（六）治疗

①乙酰甲喹，口服，每千克体重5毫克，每天1次，连用3~7天。

②喹乙醇，口服，每千克体重10毫克，每天2次，连用3~5天。

③泰乐菌素，肌内注射，每千克体重15毫升，连用7~10天。

④链霉素、土霉素也可用于治疗。

## 三、猪钩端螺旋体病

（一）病原

由钩端螺旋体引起的传染病。病猪及带菌动物是本病的传染源。通过皮肤、黏膜侵入感染。特别是鼠类，往往终身带菌，容易将病原传染给其他动物或人。饮用水不清洁、饲料不足、环境卫生差、在低洼处放牧均会促进病原传播。

（二）流行特点

①本病是人畜共患的传染病，宿主广泛，多种动物均可感染。各年龄段的猪都可感染，主要为害2~4月龄的小猪。

②热带地区全年都可发生，多发生在夏、秋季节，散发或呈地方性流行。老疫区散发，新疫区急性型病例发生较多。

（三）临床症状

该病潜伏期一般为7~14天。急性型病猪有时无明显症状而突然死亡。病猪体温一般升高到40.0~41.5摄氏度，吃食减少或不食，精神沉郁，反应迟钝，打寒战。大便秘结，呈深褐色，算盘珠状。病猪尿黄，或呈茶褐色。部分病猪出现不同程度的黄疸。

有些病猪头、颈或全身皮肤下发生水肿；或皮肤出现针尖大小、数量不等的出血点，发痒，常在墙壁、食槽、栏柱等硬物上摩擦，而使皮肤破损，发炎溃烂。部分病猪患病后期出现肌肉痉挛、行动僵硬、身体摇摆不定等症状，1~2天后死亡。怀孕病猪常发生流产、死胎或产木乃伊胎。慢性型病猪无明显临床症状，食欲减退，逐渐消瘦、贫血，形成长期带菌的僵猪，成为传染源。

（四）病理剖检

猪脑充血、水肿，脑脊髓液增多、浑浊。脑干实质变软，有小脓灶。血管周围出现有以单核细胞为主的细胞浸润现象。猪脑有炎症和小坏死灶。流产母猪子宫内膜充血，有的大面积坏死，子叶胎盘常见有坏死和出血。猪皮下脂肪黄染、肝黄染、膀胱积有血红色蛋白尿或浓茶样尿。

（五）预防

①消灭鼠类等带菌动物，防止疾病的传播。

②对被病猪污染的水源、猪舍和用具等彻底消毒，粪便堆积发酵处理。

③平时对猪舍定期消毒。发现病猪，及时隔离、治疗。

④本病多发地区可定期注射猪钩端螺旋体菌苗，第一次肌内注射之后，间隔7天再重复注射1次，每次用量为3~5毫升，免疫期约为5年。

（六）治疗

①青霉素、链霉素混合肌内注射，每天2次。

②庆大霉素肌内注射，每天2次。

③土霉素也有较好疗效。

④在急性型病例中，同时补充葡萄糖、维生素C，静脉注射强心药、利尿剂对提高治愈率有重要作用。

## 思考题

1. 常见传染病有哪些？有何临床表现？
2. 如何防治常见传染病？
3. 急性型猪瘟与其他类似疾病如何鉴别？
4. 常见腹泻性疾病如何鉴别？
5. 常见有神经症状的传染病如何鉴别？
6. 常见有呼吸系统症状的传染病如何鉴别？
7. 常见有母猪繁殖障碍的传染病如何鉴别？

# 第三章 常见寄生虫病

**本章提要与学习指导**

本章介绍常见寄生虫病的病原、流行特点和病理剖检等，学习中重点掌握各种寄生虫病的临床症状、预防和治疗。本章介绍的药品使用应结合实际，未提及用量、用法的药品可根据说明书使用。

## 第一节 线虫病

### 一、蛔虫病

#### （一）病原

病原为蛔科的猪寄生虫，寄生于猪小肠内，虫卵随粪便排至体外，在适宜条件下经10~40天育成感染性虫卵。猪接触了被虫卵污染的饲料、饮用水等，虫卵进入猪的体内，最后在小肠发育成成虫，吸取肠道中的营养。卫生条件差、营养不良时，发病严重。

#### （二）流行特点

不分季节，不分大小猪，随时都可感染。3~4月龄仔猪最易感染。

#### （三）临床症状

一般3~6月龄的病猪症状明显。仔猪感染的早期，有轻微湿咳，体温升高；之后精神沉郁，呼吸及心跳加快，食欲时好时坏，异食，营养不良，消瘦，贫血，被毛粗糙，或有全身性黄疸，有的病猪生长发育受阻，变为僵猪。感染严重时，猪呼吸困难，伴有咳嗽，并有口渴、呕吐、流涎、拉稀等症状，多喜躺卧不愿走动。蛔虫过多，阻塞肠道时，病猪疼痛，有的可能发生肠破裂而导致死亡。猪经常发生胆管蛔虫病，发病初期病猪拉稀，体温升高，食欲废绝；之后体温下降，卧地不起，腹部剧痛，四肢乱蹬，多经6~8天后死亡。

（四）病理剖检

猪患病初期有肺炎症状，肺表面有大量出血点或暗红色斑点。肝、肺和支气管等处可发现大量幼虫。在小肠内可检出数量不等的蛔虫，小肠有卡他性炎、出血或溃疡。肠破裂时，可见急性腹膜炎和腹腔出血。病程长时，猪有化脓性胆管炎或胆管破裂，胆汁外流，肝脏黄染和变硬。

（五）预防

①保持圈舍环境、饲料、饮用水和用具卫生，粪便及时运出，堆积发酵。

②加强饲养管理，保证猪营养充足。

③引进猪应隔离1个月，2次驱虫后并群。

④定期预防性驱虫。春、秋两季分别对全体猪群驱虫1次。断奶至6月龄猪每45~60天驱虫1次。

（六）治疗

①敌百虫按每千克体重0.1克，拌入饲料中。每头猪最大量不超过7克。

②左旋咪唑按每千克体重8~10毫升，肌内注射或皮下注射。

③阿苯达唑按每千克体重10~20毫克，拌料内服。

④阿维菌素或伊维菌素按每千克体重0.3毫升，皮下注射。

## 二、猪肺线虫病

### （一）病原

猪肺线虫病是由猪后圆线虫引起的一种寄生虫病。成虫寄生于猪的支气管内，引起支气管炎或支气管肺炎。蚯蚓的分布密度对本病的流行有直接影响。猪肺线虫雌虫在猪支气管内产卵，卵随气管分泌物排出体外，在泥土中孵化成幼虫，被蚯蚓吞食后，在其体内经10~20天发育为感染性幼虫。猪吞食含有感染性幼虫的蚯蚓或者土壤中游离的感染性幼虫后感染。

### （二）流行特点

①本病多发生于仔猪、放牧猪。

②夏、秋多雨季节多发，分布范围广泛，常呈地方性流行。

### （三）临床症状

猪患病初期和轻度感染的临床表现不明显。严重感染的会引起支气管炎和肺炎，病猪表现在早晚、运动或遇到冷空气时出现阵发性咳嗽、鼻流黏液，呼吸急促，常嘴啃地面，行走摇摆，精神不振，被毛粗乱无光，生长缓慢，日见消瘦，贫血，便秘或下痢，生长停止。感染最严重时，常因大量虫体阻塞气管而窒息死亡。

### （四）病理剖检

病变主要在肺部，部分支气管增厚、扩张，常在尖叶、膈后缘有局限性灰白色隆起的气肿区，其邻近部位有实变区，切开后可见支气管内含黏稠分泌物及白色线状虫体。

### （五）预防

①保持圈舍清洁，将粪便集中到离猪舍较远的地方进行生物

热消毒；猪舍及周围经常用1%~2%氢氧化钠溶液或30%草木灰水消毒。

②切实做到圈养，猪舍应建在高燥处，创造无蚯蚓环境，防止猪吃到蚯蚓。

③在粪检的基础上，每年春、秋两季定期用左旋咪唑驱虫，尤其要对仔猪及带虫母猪驱虫。

### （六）治疗

①左旋咪唑灌服、拌料喂服或1次肌内注射。

②阿苯达唑按每千克体重10~20毫克，拌料内服。

③阿维菌素或伊维菌素皮下注射。

## 三、猪旋毛虫病

### （一）病原

由旋毛虫寄生于猪的小肠和肌肉中引起的一种寄生虫病。旋毛虫的成虫寄生于肠内，称肠旋毛虫；幼虫寄生于横纹肌内，称肌旋毛虫。猪吃到了含有旋毛虫囊包的死鼠、生猪肉屑、泔水等感染。

### （二）流行特点

①分布广泛，人畜共患。

②农村散养猪多发，集约化规模养猪少发。

### （三）临床症状

**1. 肠型**

猪在感染后3~7天，可见到因成虫侵入肠黏膜而引起的食欲减退、呕吐和腹泻。

2. 肌型

症状通常出现在猪感染后的第2周末，此时幼虫进入肌肉，引起肌肉发炎。病猪临床表现有疼痛或麻痹，运动障碍，声音嘶哑，呼吸、咀嚼和吞咽呈不同程度的障碍，肌肉僵硬并且发痒，体温升高，机体消瘦，有时眼睑和四肢水肿。病猪多于4~6周后康复，极少死亡。

（四）病理剖检

成虫在病猪肠道引起急性卡他性炎，但病变轻微，可视黏膜肿胀、充血、出血，黏液分泌增多。幼虫寄生部位肌肉局部肿胀，仔细观察，有针尖大小的白色幼虫囊包。

（五）预防

①灭鼠，捕杀野犬，对动物源性饲料经充分热处理后再使用。

②改放牧猪为完全舍饲猪，勤扫粪便，保持圈舍清洁，禁止用洗肉水喂猪。

③加强屠宰场的兽医卫生检验，严格处理带虫肉。

④残羹剩饭等煮熟后喂猪，以免感染。

⑤在疫区可用旋毛虫虫体组织佐剂或弱毒苗进行预防。

（六）治疗

①甲苯咪唑按每千克体重50毫克，分2~3次口服，连用5~7天。

②阿维菌素或伊维菌素皮下注射。

③其他苯并咪唑类药物对杀灭旋毛虫也有良好效果。

## 四、猪鞭虫病

（一）病原

猪鞭虫病又称毛首鞭形线虫病，是由毛首鞭形线虫寄生于猪的盲肠和结肠所引起的寄生虫病。

（二）流行特点

①2~6月龄猪最易感染，4~6月龄猪感染率最高，种母猪和6月龄以上育肥猪很少感染。

②一年四季均可发生，但夏季感染率最高，放牧猪多发。

（三）临床症状

轻度感染此病的多数猪无临床症状，有的病猪有间歇性腹泻，轻度贫血，生长发育受影响。严重感染时，病猪体内虫体达数千条或更多，病猪表现为食欲减退，消瘦，眼结膜苍白，贫血，腹泻，粪中带黏液和血，生长缓慢，甚至死亡。

（四）病理剖检

猪盲肠和结肠有炎症，其黏膜上有大量虫体，虫体头部钻入黏膜，往往不易脱落。虫体前部细长，像鞭梢；后部粗，像鞭杆。

雄虫长30~60毫米，尾部卷曲；雌虫长40~56毫米，尾端钝圆。

（五）预防

参照蛔虫病。

（六）治疗

①肌内或皮下注射左旋咪唑1次。

②敌百虫拌料内服1次。

③皮下注射阿维菌素或伊维菌素1次。

## 第二节 其他寄生虫病

### 一、猪囊尾蚴病

（一）病原

猪囊尾蚴病又叫猪囊虫病，为人畜共患传染病，病原体是猪带绦虫的幼虫——猪囊尾蚴。有囊虫的肉俗称“豆猪肉”“米猪肉”。传染源是患绦虫病的人。猪吞食含虫卵的人粪或被虫卵污染的饲料、饮用水后，猪囊尾蚴寄生于肌肉组织和其他器官，从而感染发病。

（二）流行特点

①感染发病无明显的季节性，但在适合虫卵生存发育的温暖季节，猪的发病率较高。自由放牧的猪群更易感染。厕所与猪圈舍连在一起、散养和放牧，这些都会导致猪吞食人粪及含虫卵饲料的概率增加。

②多为散发，有的地方呈地方流行性，严重程度与当地患绦虫病病人的多少有关。

（三）临床症状

病猪多数不出现明显症状。在感染严重或某个器官受害时，才会见到症状。病猪营养不良，生长受阻，贫血，水肿，走路时四肢僵硬，肩膀宽身体呈前宽后窄。囊尾蚴寄生在喉部时，病猪叫声嘶哑，吞咽困难，打呼噜；寄生在眼内时，则病猪产生视觉障碍甚至失明，长在眼皮上时，则病猪结膜上有白色透明的隆起，触之有波动感；寄生在大脑时，病猪有癫痫症状，可致死亡。用木棒撬开猪嘴，舌背面有半透明的粒状物，即囊包。

（四）病理剖检

感染猪囊尾蚴的猪肉，呈白色而湿润。感染严重时，虫体除寄生于各部分肌肉外，亦可寄生在脑、眼、肝、脾、肺等部位，甚至淋巴结与脂肪内也可找到囊尾蚴。感染初期囊尾蚴外部发生细胞浸润，继而发生纤维变性，约半年后囊尾蚴死亡，病灶逐渐钙化。

（五）预防

①病区定期普查人的绦虫病，病人及时治疗。

②加强肉品检验，囊虫肉按规定进行无害化处理。

③改散养为舍饲。

④避免饲料和饮用水被污染。

⑤圈舍和厕所分开，不让猪吃到人的粪便。

（六）治疗

①吡喹酮注射剂按每千克体重80~100毫升颈部或臀部分点注射，严重者隔72小时再注射1次。

②口服甲苯咪唑1次。

## 二、猪姜片吸虫病

（一）病原

由片形科的布氏姜片吸虫引起的一种寄生虫病。

（二）流行特点

①人、畜均可被感染。5~8月龄的猪感染率高，发病率随猪的年龄增加逐渐下降；良种猪比土种猪感染率高。

②在喂生水、生饲料地区以及5~10月螺活跃时期多发，尤其是秋季发病较多。

③患病的人或猪的粪内含有大量虫卵，如粪便未经生物热处理即用作肥料，常会造成本病流行。

④布氏姜片吸虫生活史中需要扁卷螺科生物作为中间宿主，并以水生植物作为媒介完成其发育史。成虫寄生于病猪小肠内，虫卵随粪便排出，在螺体内发育成为尾蚴，尾蚴成熟后逸出外界，附在水生植物茎、叶上，形成囊蚴，猪因吞食囊蚴而被感染。

（三）临床症状

病猪精神沉郁，被毛粗糙、干燥、无光泽，对周围事物不敏感，低头弓腰，呆滞，食欲减退，消化不良，有下痢症状，粪便稀薄并带黏液，眼结膜苍白，肚大股尖。病情严重者贫血，消瘦。患病幼猪发育受阻，营养不良，增重缓慢。病初无体温异常，后期体温升高，最后虚脱死亡。患病母猪泌乳量下降，影响仔猪生长。

### （四）病理剖检

有布氏姜片吸虫寄生的肠黏膜及其附近组织出现炎症、黏膜潮红肿胀及点状出血，黏膜脱落，肠壁变薄，所附黏液增多甚至出现小溃疡灶。大量虫体可导致肠管阻塞。

### （五）预防

①患病猪和人的粪内含有虫卵，是传播本病的根源，应将粪便集中进行堆肥或坑沤发酵，以杀灭虫卵。

②人发病比较普遍的地区，一般每年春、秋两季都应进行定期驱虫。

③对猪经常接触的塘沟及种植猪的水生饲料的池塘进行药物灭螺。

④改进饲养管理，不让猪有自由采食水生植物的机会，不用有螺的池塘水喂猪。

### （六）治疗

①拌料口服敌百虫1次。

②口服吡喹酮1次。

③辛硫磷按每千克体重1.2毫克口服1次。

## 三、猪巨吻棘头虫病

### （一）病原

由猪巨吻棘头虫寄生于猪小肠内引起的寄生虫病。传染源为病猪。猪巨吻棘头虫的虫卵被病猪排出体外，被中间宿主大牙锯天牛、曲牙锯天牛、金龟子及其幼虫蛴螬等吞食，在宿主体内发育成有感染性的棘头体。猪拱土时吞食这些中间宿主而感染。

### （二）流行特点

①呈地方性流行，8~10月龄猪感染率高，严重地区感染率在60%~80%之间。

②多发于春、夏两季，放牧猪比舍饲猪感染率高。

### （三）临床症状

轻度感染时，症状不明显。严重感染时，病猪食欲反常，腹痛，下痢，粪中带血。病猪消瘦、贫血，生长缓慢，发育不良。虫体引起病猪肠穿孔而继发腹膜炎时，体温上升，腹壁紧张，腹痛，卧地抽搐，最终死亡。

### （四）病理剖检

虫体以吻突深陷固着于病猪空肠及回肠黏膜内，深达肌层，该处浆膜上形成多数灰黄或暗红黄豆大结节，周围有红色充血带，黏膜表现出血性纤维素性炎，严重时发生穿孔。猪肠壁增厚，有溃疡病灶或覆有假膜。

### （五）预防

①及时隔离、治疗病猪和带虫猪，消灭传染源。

②消灭猪场及周围环境中的猪巨吻棘头虫中间宿主。

③在疾病流行地区，猪巨吻棘头虫中间宿主活动高峰期不放牧，春、秋各驱虫1次。

④对猪粪便进行无害化处理。

### （六）治疗

①口服敌百虫1次。

②口服或肌内注射左旋咪唑1次。

③皮下注射阿维菌素或伊维菌素1次。

## 四、猪弓形虫病

### （一）病原

由刚地弓形虫引起的寄生虫病。刚地弓形虫在其整个发育过程中需要两个宿主，其终宿主是猫，刚地弓形虫在猫体内繁殖并通过粪便被排出。人、猪及其他动物为其中间宿主。猫是主要传染源，病畜的内脏、肉、分泌物、排泄物等均含有虫体，寄生虫能通过消化道、呼吸道、皮肤伤口、吸血昆虫、胎盘等多种途径传播。

### （二）流行特点

①除猪发生外，其他动物也可发生该病，人畜共患。

②不同品种、性别、年龄的猪均有易感性，3~5月龄的猪发病严重，成年猪发病率高于哺乳仔猪。

③分布很广，呈散发性或地方性流行，炎热季节多发。

### （三）临床症状

猪弓形虫病潜伏期3~7天。病初，猪体温升高，在40.5~42.0摄氏度之间。成年病猪精神不振，减食，小便橘黄色，大便多干燥且附少量黏液；断奶仔猪常拉稀，但无恶臭。病猪呼吸加快，常有咳嗽，流出水样鼻涕。病后期，猪出现呼吸困难、腹式呼吸及犬坐式现象。病情严重时，猪食欲废绝，步态不稳，肢体末端及腹部发绀或出现紫红色斑，呼吸极度困难、窒息及体温下降，最后死亡。病程7~15天，病死率50%。未死病猪有的呈现生长不良，下痢，并有失明、运动障碍、癫痫样痉挛及斜颈等神经症状。怀孕母猪易发生死胎、早产或流产现象。

（四）病理剖检

病猪全身淋巴结肿大、充血，肺出血、间质水肿，肝有点状出血和灰白色或灰黄色坏死灶，脾脏有丘状出血点，胃底部出血有溃疡，肾有出血点和坏死灶，大肠、小肠均有出血点，心包、胸腔积液，体表有紫斑。

（五）预防

①猪场及其周围应禁止养猫，并应注意灭鼠。发现猫粪及时处理，防止猪吃下含有虫卵的猫粪。

②严格处理可疑畜尸、流产胎儿及排出物，防止污染环境。

③禁用生肉屑喂猪。

④猪舍及运动场应保持清洁，定期用10%石灰乳消毒，并经常用开水洗刷饲槽及用具。

⑤在疾病流行地区，对病猪要及时隔离治疗，对未发病猪应用磺胺类药物混于饲料中连服3天。

（六）治疗

①磺胺-6-甲氧嘧啶按每千克体重60~100毫升，进行肌内注射，每天1次，连用3~5天。

②肌内注射磺胺-5-甲氧嘧啶2~5毫升，每天1次，连用3~5天。

③其他磺胺类药物也有治疗效果。

## 五、猪疥螨病

（一）病原

由猪疥螨寄生在猪皮肤内所引起的一种慢性皮肤病。主要是由病猪与健康猪直接接触或通过病猪污染的圈舍、垫草及用具等间接接触而引起感染。幼猪有挤压成堆躺卧的习性，也是本病传播的重要因素。猪舍阴暗潮湿、环境卫生差，猪密度过大、营养不良等更容易发病。

（二）流行特点

①一般幼猪多发，随年龄增长，猪对疥螨的抵抗力增强，发病减少。

②秋、冬季节，特别是阴雨天气多发，春、夏季发病减少，病情减轻。

（三）临床症状

疥螨多寄生在猪的耳、背部、体侧的皮肤深层，吞食上皮细胞和吸吮淋巴液。病猪感染后从眼周围、颈部和耳根开始发痒，之后蔓延到背部、体侧和四肢内侧。病猪因局部发痒在圈舍栏柱、墙角、食槽、石头等处擦痒，导致皮肤破损、发炎，结成痂。严重者脱屑、脱毛；皮肤外观呈灰白色，干枯增厚，粗糙有皱纹，甚至开裂，失去伸缩性。病猪进食减少，生长停滞，贫血，甚至死亡。

（四）病理剖检

在猪的健康皮肤和患部皮肤交界处，用手术刀刮取皮屑，放在小烧杯或瓶皿内。将病料放在载玻片上，滴1滴液体石蜡或50%甘油水溶液，用低倍显微镜观察，见到活的虫体和虫卵，便可确诊。

（五）预防

①保持猪舍卫生，经常保持清洁干燥、通风，冬季要勤换垫草。

②饲槽、水桶等用具及猪舍运动场经常消毒杀虫。

③防止新生仔猪接触患病母猪。

④发现病猪要及时隔离治疗，病猪的用具未经消毒不带入其他猪舍，防止疾病蔓延。

（六）治疗

①早期治疗疥螨可用机油、柴油、油类药物与杀虫药混合用。

②敌百虫配成1%浓度的溶液，用喷雾器喷洒或洗擦患部。

③0.05%双甲脒溶液、0.005%倍特溶液、0.5%螨净乳剂涂抹患部。7~10天后再重复一次。

④皮下注射阿维菌素或伊维菌素1次。

## 思考题

1. 猪常见寄生虫病有哪些？

2. 应如何防治猪寄生虫病？

3. 各种常见猪寄生虫病的诊断要点有哪些？

# 第四章　常见内科疾病

## 本章提要与学习指导

本章介绍猪常见的内科病，了解呼吸和消化等系统疾病、中毒性疾病、营养代谢性疾病病因，重点介绍各种内科病的临床症状、预防和治疗措施。

学习中注意了解常见内科疾病的诊断要点，掌握其诊断技术和综合防治措施。本章介绍的药品使用应结合实际，未提及用量、用法的药品可根据说明书使用。

## 第一节　呼吸和消化等系统疾病

### 一、咽喉炎

#### （一）病因

咽喉炎多发生于寒冷季节，大多是细菌侵入扁桃体而引起的。饲料粗硬、过冷、过热或腐败变质；使用药物不当或投药技术不熟悉损伤咽喉部黏膜；长途运输，过度疲劳，抵抗力降低等因素都能引起咽喉炎。

#### （二）临床症状

猪减食或停食，吞咽困难，吞咽时头颈伸展，小心吞咽，常流涎、咳嗽，时有呕吐现象。急性咽喉炎病状为颌下肿胀，触摸咽喉部有痛感，头颈动作迟钝，呼吸困难。慢性咽喉炎病状不明显，仅见吞咽困难。

### （三）预防

平时做好饲养管理，饲料和饮用水不可太热或太冷，不喂腐败变质饲料，不喂粗硬、有刺饲料。

### （四）治疗

①将固体饲料改为流食或液体稀饲料。

②在猪咽喉外部用鱼石脂软膏或止痛消炎膏涂敷。

③注射他种家畜的血清5~10毫升。

④在猪咽喉部周围用0.25%普鲁卡因溶液20毫升、青霉素40万单位进行封闭疗法。

⑤将中成药冰硼散吹入猪口中。

⑥水煎通关藤100克取汁，候温灌服，7~10天为1个疗程，一般1个疗程即愈。

## 二、感冒

### （一）病因

天气突然变化，猪体受风寒刺激，机体抵抗力降低，上呼吸道内的常在细菌，如肺炎球菌、链球菌及葡萄球菌等大量繁殖而发病。猪圈阴暗、潮湿，猪拥挤，以及长途运输等可引起发病。营养不良、缺乏锻炼及异物的刺激均能成为该病的诱因。

### （二）临床症状

病猪精神不好，吃食减少，喜欢钻在草中睡觉。体温稍升高，易打寒战，眼结膜发红，鼻端发干，流清鼻涕，咳嗽，尤其是早晚受冷空气刺激或驱赶时，咳嗽加重。呼吸及脉搏加快，耳及四肢末端发凉，怕冷。该病多单发，不呈流行性。

（三）预防

①加强饲养管理，在气候多变时，做好防寒保暖工作，防止猪突然受寒。

②注意保持猪舍内的清洁卫生和干燥。

（四）治疗

治疗该病主要应用解热、镇痛、疏散风寒和防止继发感染的方法。

**1. 解热镇痛**

皮下或肌内注射复方氨基比林注射液或安乃近注射液，每天1~2次。

**2. 抗菌药物**

肌内注射青霉素或硫酸卡那霉素，每天2次，连用2~3天。

**3. 中药**

金银花、麦芽、建曲、桔梗各40克，厚朴、荆芥各20克，黄连10克，黄芩、连翘、牛蒡子各30克，苍术25克。分别加水1500毫升，煎煮2次，合并药液，分3天灌服。

## 三、支气管炎

（一）病因

支气管黏膜及其下层组织因受各种刺激而引起的炎症。猪舍狭小、潮湿、污秽，猪群拥挤，气候突变或长期阴雨寒冷极易引起原发性支气管炎，仔猪尤易得此病。某些化学药品的刺激、猪肺线虫和蛔虫等寄生虫侵袭和某些传染病也可以引起继发性支气管炎。

### （二）临床症状

支气管炎有急性和慢性两类。急性支气管炎的临床表现为咳嗽和气喘。咳嗽初期为干性，以后逐渐转为湿性。病猪精神沉郁，喜卧，大多可被治愈或自行恢复健康，但有些病例可转为慢性支气管炎。慢性支气管炎除有急性支气管炎的咳嗽症状外，病猪有明显的腹式呼吸，消瘦，严重气喘，行走摇摆。慢性支气管炎可发展为支气管肺炎，其症状同肺炎。

### （三）预防

①平时注意饲养管理和环境卫生，如猪舍要干燥、光线充足，给予仔猪足够的垫草，防止感冒。

②定期查虫、驱虫，有计划地使用驱虫药、免疫增强剂及维生素等添加剂，以增强猪抗病力。

### （四）治疗

该病的治疗原则为消除病因，消炎，止咳及祛痰。

#### 1. 消除炎症

肌内注射10%磺胺嘧啶钠溶液；对重症大猪，可将青霉素钠加入到500毫升5%葡萄糖盐水或复方氯化钠内，缓慢静脉注射；其他抗生素如卡那霉素、庆大霉素等均有一定效果，可酌情选用。配合地塞米松治疗有一定效果。

#### 2. 祛痰止咳

饲料中加入氯化铵和小苏打各1~2克，每天喂料2次。

口服复方甘草合剂。

#### 3. 中药

款冬花15克、知母15克、贝母15克、马兜铃15克、桔梗20克、杏仁15克、金银花15克。水煎，灌服，每天一剂。

## 四、肺炎

### （一）病因

**1. 原发性病因**

与支气管炎基本相同。猪舍不清洁、猪群拥挤、饲养管理不善、猪饥饿、受寒感冒或吸入有刺激性气体后，猪抵抗力降低，肺炎球菌及各种病原微生物大量繁殖，引起该病。

**2. 继发性病因**

见于支气管炎症的蔓延。某些传染病如猪瘟、猪肺疫、猪气喘病、猪肺线虫病，维生素A缺乏症、子宫炎和阉割化脓等均可致病。

### （二）临床症状

猪病初呈现支气管炎的症状。当猪有并发症时，病猪全身症状加重，精神不振，食欲减退或废绝，脉搏增快但弱，体温升高到40摄氏度以上，呼吸困难，可视黏膜发绀，咳嗽加剧。若为异物或药物导致的肺炎，病猪呼出气体带恶臭，鼻涕污秽不洁、恶臭等。

### （三）预防

①保持猪舍清洁卫生。做好猪的保暖工作，防止感冒。

②仔猪的饲料应适当调制，给予充分的营养；运输途中的猪群要避免过度疲劳和饥饿。

③发现病猪应及时治疗，并立即隔离饲养，加强护理。

④给病猪服药时，应固定好猪的身体，防止灌呛。

### （四）治疗

治疗原则为消除病因，消炎，止咳，制止炎性渗出物的渗出并促进其吸收或排出等。

①20%磺胺噻唑10~20毫升，1次肌内注射。

②青霉素用氨基比林稀释，一次肌内注射；青霉素和链霉素混合注射，效果更好。

③猪呼吸困难时，可用3%过氧化氢混合溶液（通常是1份3%过氧化氢溶液与3份复方氯化钠或5%葡萄糖盐水混合），按每千克体重2~3毫升，缓慢静脉注射，每天1~2次。

④麻黄10克、杏仁10克、甘草10克、白皮15克、石膏15克、知母15克。水煎后分2次内服。

## 五、口炎

### （一）病因

口炎包括齿龈炎与舌炎，是由坏死梭杆菌引起的一种慢性细菌性传染病。由于饲料粗硬或混有尖锐杂物如石块、铁钉等，引起口腔黏膜机械性损伤从而发炎；由于喂食冰冻、灼热的饲料和水，或误食发霉有毒食物、腐蚀性药物，引起口腔黏膜发生炎症；因长途运输、饲养和护理不当、猪互相咬架，损伤口腔黏膜而引起口炎。此外，某些传染病如口蹄疫、水疱病，以及猪缺乏维生素等原因，也可继发本病。

### （二）临床症状

病猪减食，吞咽不便，口腔有唾液流出并有不同程度臭味。除因传染病发生的口炎外，其他情况下体温正常。口腔黏膜红肿，口角、齿龈和舌的边缘常发生水疱，水疱破后成鲜红色烂斑，严重时口腔黏膜脱落发生溃疡。

（三）预防

①饲料必须经过选择和检查，青饲料不要过硬、过热，不喂霉烂饲料。

②猪舍和饲养用具要经常保持清洁。

③防止猪误食有毒化学物质或有毒植物。

（四）治疗

①改善饲养条件，给予柔软的饲料。

②将中成药冰硼散吹入猪口腔。

③用1%盐水、0.1%高锰酸钾或2%硼酸液冲洗口腔，每天洗涤2~3次。

④发生溃疡时可用1%盐水充分冲洗后，用碘甘油（碘酊1份与甘油9份配成）或龙胆紫涂抹患部。

⑤猪全身有症状时，使用磺胺类药物或抗生素，并配合维生素$B_6$和维生素C肌内注射，以提高治疗效果。

⑥青黛10克、黄连6克、黄柏6克、薄荷3克、桔梗6克、儿茶6克。水煎后内服，每天1剂。

## 六、消化不良

（一）病因

主要是因突然变换饲料，或喂给霉烂变质的饲料而引起的。长途运输、猪过度疲劳等也能引起消化不良。此外，感冒和肠道寄生虫病也可继发本病。

（二）临床症状

猪不爱吃食，生长迟缓，精神不振，喜饮水，口臭，有舌苔。严重时，猪有时腹痛、腹胀或呕吐。粪便干硬或拉稀，粪内混有未消化的饲料，体温一般无变化。

（三）预防

①应加强饲养管理，防止猪受寒，主要注意饮用水及饲料的清洁卫生，不喂发霉变质的饲料。注意饲料调配，定时定量饲喂。

②应喂给病猪易消化的饲料，每天喂给一定量（占饲料总量的0.5%）的食盐，同时还应每天喂给适量维生素及矿物质饲料。

（四）治疗

①猪单纯食欲减退，粪便无大变化，可用健胃剂，如酵母片或大黄苏打片3~10片或人工盐5~30克混于少量饲料内喂给病猪。仔猪可用乳酶生、胃蛋白酶各2~5克，稀盐酸1~2毫升，水100~200毫升，混合后分2次内服。用紫皮大蒜5~20克，捣碎如泥状后，加适量水，混于少量饲料中喂给病猪。鲜生姜30~50克加入适量红糖，捣为泥状，加水100~200毫升，混于少量饲料中内服。

②猪粪便干燥成球状，可用硫酸钠、人工盐或硫酸镁5~50克，或植物油30~100毫升，加适量水，内服1次。

③猪拉稀时内服土霉素或盐酸小檗碱，每天2次。

④对脱水严重引起精神和食欲不好的猪，应及时用5%葡萄糖盐水、复方氯化钠或生理盐水静脉或腹腔注射，防止酸中毒。

⑤大黄末3克、龙胆末3克、苏打粉4克，混合，灌服。

## 七、便秘

### （一）病因

**1. 原发性病因**

多数是由于喂了干硬不易消化、含粗纤维过多的饲料，或喂精饲料过多、饲料不清洁、突然变换饲料、饮水和运动量不足等引起的。

2. 继发性病因

某些传染病，如猪瘟、猪丹毒等，或其他热性病及慢性胃肠病，均可继发该病。

（二）临床症状

猪食欲减退，爱饮水，结膜发红，呼吸稍快，起卧不安。猪患病初期排少量干硬粪球，随后即停止排粪，但常作排粪姿态。用手触压猪腹部，可膜到大肠内有干硬粪块，病猪疼痛不安。可能发生尿闭现象，有时有肚胀现象，一般体温不高。

（三）预防

①合理搭配饲料，粗料细喂，喂给猪青绿多汁饲料，并应配合适量的食盐，多饮水。

②适当运动。

③注意饮食卫生，防止传染病和寄生虫病的感染。

（四）治疗

治疗原则为排除肠内积粪，输液和维持心脏机能，加强护理。

1. 内服泻药

硫酸钠或硫酸镁30~50克，植物油50~100毫升，加适量水混合，1次内服。也可用大黄末30~50克，植物油50~100毫升，加水300~500毫升内服。

2. 深部灌肠

用温肥皂水2000~3000毫升反复深部灌肠，直至无粪球排出。

3. 注射药物

用5%葡萄糖盐水，或10%葡萄糖液，或复方氯化钠250~500毫升，静脉或腹腔注射。

心脏衰弱时，可用10%安钠咖2~5毫升皮下或肌内注射。

**4. 中药**

槟榔6克、枳实9克、大黄15克、厚朴9克、芒硝30克，水煎成500~1000毫升，1次灌服。

## 八、胃肠炎

### （一）病因

**1. 原发性原因**

主要由于喂给腐烂变质、发霉、不清洁或冰冻饲料，或误食有毒植物以及酸、碱、砷等化学药物而发病。

**2. 继发性原因**

病毒性传染病（猪瘟、猪传染性胃肠炎等），细菌性传染病（大肠杆菌病、猪副伤寒等），寄生虫病（猪蛔虫病、猪姜片吸虫病等），非传染性热性病（肠便秘、肠变位、心脏及肾脏疾病等）均可继发该病。

### （二）临床症状

病猪患病初期表现为精神不好，不爱吃食，喜啃咬烂草、污泥，肚子痛，有时呕吐，有舌苔，口有臭味，爱喝水，体温高，眼结膜发红，大便干燥。后期拉稀，粪有酸臭味，喜卧地，拱腰，走路打晃，肛门和尾部有粪便黏附，严重时失禁，粪便自流，有的粪中混有黏液或血液。

### （三）预防

①加强饲养管理，不喂变质和有刺激性的饲料，定时定量喂食。

②猪圈保持清洁干燥，有病早治，怀疑有传染病时，应及时隔离、消毒。

### （四）治疗

治疗原则为消除病因，抑菌消炎，防止脱水与酸中毒。注意护理，实施补液、给予强心药及解毒措施。

①患病初期应酌情用少量盐类或油类泻剂，如硫酸钠、人工盐或食盐5~50克，内加鱼石脂5~20克，加水50~100毫升内服。对全身症状严重，粪内有大量黏液或血液的猪，应用无刺激性的植物油类泻剂缓泻。

为防止持续拉稀引起严重脱水及酸中毒，当粪的臭气不大但仍拉稀时，可选用木炭末或药用炭加水内服。

②内服新霉素等药物。

③一般选用5%葡萄糖盐水或生理盐水，按每千克体重5~10毫升，1次静脉缓注。有严重酸中毒症状时，可在葡萄糖盐水内加5%碳酸氢钠液（每千克体重加1~2毫升）静脉注射。可用2%安钠咖肌内注射，当作强心药。

## 九、中暑

### （一）病因

在炎热的夏天，猪体，特别是头部，很可能受到强烈日光的直接照射，引起脑出血及脑膜充血，中枢神经系统遭到破坏，发生日射病。气候炎热，猪舍内过度拥挤、湿度大、风速小或用封闭货车运输，猪吸热增多，散热减少，发生热射病。实际上，日射病和热射病都是由于外界环境中的光、热、湿度等物理因素对动物体的侵害，导致体温调节功能障碍等一系列病理现象，故称为中暑。

### （二）临床症状

#### 1. 日射病

猪突然发病，精神沉郁，四肢无力，步行不稳，常常作呕，皮肤干燥，体温变化不大或升高，尤其当发生脑出血及脑膜充血时，兴奋狂躁，恐惧不安，脉搏细弱无力，呼吸急促，可视黏膜潮红，卧地不起，陷于昏迷状态，往往发生剧烈战栗，或呈现痉挛状态而死亡。

#### 2. 热射病

猪体温显著升高，呼吸急促，喘气，口流白沫，可视黏膜发紫，心跳加快，狂躁不安。喜欢稀泥水。特别严重时，皮温升高，体温在42摄氏度以上，皮肤干燥。精神极度沉郁，不注意周围事物，呈现昏迷状态，往往倒地发生痉挛。多发生心脏停搏或窒息而死亡。

### （三）预防

①加强饲养管理。

②天气炎热时，猪舍、运输车（船）须有遮阳设备，注意空气流通，防止猪相互挤压，多饮水，让猪充分休息。

### （四）治疗

#### 1. 防暑降温

立即将病猪移到阴凉通风处，保持安静，用冷水喷洒全身，特别是头颈部，亦可用酒精擦拭体表，促进散热；在耳尖或尾端放血100~300毫升；肌内注射25%盐酸氯丙嗪注射液4~5毫升。当体温降至39摄氏度时可停止降温，以防猪体温过低。

#### 2. 注射补液

放血之后，立即用复方氯化钠100~300毫升静脉注射，每隔

3~4小时，重复注射1次；亦可用5%葡萄糖盐水300~500毫升静脉注射或25%~30%葡萄糖液50~200毫升静脉注射。心功能不全的可用20%安钠咖注射液5~10毫升肌内注射或皮下注射。

**3. 对症治疗**

对兴奋不安的猪内服巴比妥0.1~0.2克，或用10%水合氯醛100~200毫升灌肠，或肌内注射安乃近注射液；若猪出现酸中毒，可用5%碳酸氢钠溶液50~100毫升静脉注射。

**4. 中药**

十滴水或薄荷水10~20毫升，1次内服。鱼腥草100克、野菊花100克、淡竹叶100克、陈皮25克，煎水1000毫升，1次灌服。

## 第二节　中毒性疾病

### 一、亚硝酸盐中毒

#### （一）病因

猪常吃的青饲料如白菜、萝卜叶、菠菜、包菜、一些野菜、青草等都含有很多硝酸盐，这些饲料如果蒸煮不熟或焖煮时不搅拌、不揭盖，在40~60摄氏度环境中放置过久，硝酸盐就会转变为有剧毒的亚硝酸盐。有的猪场将这些堆积过久，导致腐败，形成亚硝酸盐。亚硝酸盐被吸收进入血液后，使血液中血红蛋白变性。猪缺氧以致呼吸中枢麻痹，窒息而死亡。

#### （二）临床症状

猪常在饱食后10~30分钟内突然发病。表现为狂躁不安，有疼痛感，呕吐流涎，呼吸困难，走路摇摆乱撞、转圈。可视黏膜和腹部皮肤初期为灰白色，后变为青紫色，四肢及耳发凉，剪耳流血量少，呈酱油色。体温下降到正常体温以下。倒地痉挛，口吐白沫，很快死亡。健壮的猪发病重，往往来不及治疗就死亡。

（三）病理剖检

中毒病猪的尸体腹部多较鼓胀，口鼻呈乌紫色，并流出淡红色泡沫液体。血液暗褐如酱油色，凝固不良。胃肠道各部呈不同程度的充血、出血，黏膜易脱落，心外膜、心肌有出血斑点。

（四）诊断

取胃肠内容物或残余饲料的液体1滴，滴在滤纸上，加10%联苯胺1~2滴，再加10%醋酸溶液1~2滴，滤纸变为棕色即为阳性。也可将待检饲料放在试管内，加10%高锰酸钾溶液1~2滴，搅匀后，再加10%硫酸溶液1~2滴，充分摇匀，如有亚硝酸盐，则高锰酸钾溶液变为无色，否则不变色。

（五）预防

①不喂腐烂的青饲料。

②青饲料熟喂时要现煮现喂，不能用闷在锅里过夜的青饲料喂食。

③青饲料最好生喂，或者切碎发酵后再喂。

（六）治疗

①尽快剪耳、断尾、放血。

②美兰和甲苯胺蓝是亚硝酸盐中毒的特效药。配合维生素C和高渗葡萄糖溶液，效果更好。静脉或肌内注射1%美兰溶液，每千克体重注射1毫升；静脉或肌内注射5%甲苯胺蓝溶液每千克体重5毫克；口服或注射大剂量维生素C，以及静脉注射葡萄糖溶液。

③对心脏衰弱的病猪，可注射樟脑磺酸钠等；对呼吸困难、喘息不止的病猪可注射尼可刹米等呼吸系统兴奋剂；对严重溶血

者放血后输液并口服或静脉滴注肾上腺皮质激素，同时内服碳酸氢钠等药物。

## 二、食盐中毒

### （一）病因

猪对食盐比其他家畜更为敏感，误食过多的食盐或喂食酱渣、其他工业副产品易发生致死性中毒。幼猪中毒较多。食盐中毒实质是钠中毒，通常中毒量为每千克体重1.0~2.2克，致死量为150~250克或每千克体重3.7克。

### （二）临床症状

主要表现极度口渴，口流泡沫状黏液，食欲减退或废绝，呕吐，张口咬牙，神经紊乱，呼吸困难，步行不稳，有时转圈，全身颤抖，发生阵发性痉挛，每次持续2~3分钟，甚至连续发作。一般体温正常，但痉挛后有时体温在41摄氏度以上，心跳急速，每分钟140~200次，心脏衰竭，最后四肢瘫痪，一般中毒后1~6天死亡。

### （三）病理剖检

胃肠黏膜充血、出血，特别是胃底部更严重。肝肿大，质脆。全身各淋巴结充血，气管及支气管充满泡沫，肺淤血，水肿，心内膜有小出血点。

### （四）预防

合理掌握食盐的用量，每头猪每天不得超过50克。

### （五）治疗

发现中毒后，立即改喂稀薄糊状精料。本病尚无特效药。

①口渴时给以少量饮用水，切忌给大量饮用水，以免肠道中水分吸收过快，使血钠水平迅速下降，加重脑水肿。

②急性中毒的猪，用1%硫酸铜溶液50~100毫升内服催吐后，内服黏浆剂及油类泻剂50~100毫升，也可在催吐后内服白糖150~200克。

③痉挛时，可用水合氯醛，但对病重猪效果不显著。注射强心药与高渗葡萄糖溶液，也有疗效。精神差的可注射咖啡因。便秘时用肥皂水灌肠。

## 三、酒糟中毒

### （一）病因

突然用大量的酒糟喂猪，或长期用单一的酒糟喂猪而发生中毒。因酒糟储藏不好或过久，霉烂变质，产生游离酸、杂醇油、酒精等有毒物质或各种霉菌，猪吃了这种带有毒物或霉菌的酒糟也会发生中毒。

### （二）临床症状

发病初期，表现为消化紊乱，呈顽固性胃肠炎，皮肤青紫色，先便秘后下痢，精神不振，食欲减退，外表有皮疹，四肢麻痹，卧地不起，在一般情况下体温稍上升。严重的呼吸困难，后期昏迷而死。中毒的仔猪多为急性中毒，有神经症状。慢性中毒时，表现为消化不良、黄疸、皮炎、血尿，怀孕母猪往往流产。

### （三）病理剖检

肺充血、水肿。胃肠黏膜充血、出血。肾肿胀、质脆。

### （四）预防

①新鲜酒糟给量要适当，成年猪每天1~2千克，应与其他饲料，特别是青饲料搭配来喂。

②用不完的酒糟，隔绝空气压紧保存。

③轻微霉变的酒糟，先用1%石灰水浸泡20~30分钟再喂猪。

④严重发霉变质的酒糟，坚决不可喂猪。

（五）治疗

①静脉注射5%葡萄糖盐水500毫升。

②内服1%小苏打水1000~2000毫升，仔猪酌情减少。剧痒时用5%石灰水或炉甘石洗剂冲洗或涂擦。继发感染可用抗生素治疗。

## 四、马铃薯（土豆）中毒

（一）病因

马铃薯的嫩绿叶、茎、花和外皮，特别是发芽的马铃薯，都含有毒的生物碱——茄碱。此外，马铃薯的茎、叶里还含有硝酸盐，当转化为亚硝酸盐时，也可发生中毒。猪的茄碱中毒量为每千克体重10~20毫克。

（二）临床症状

猪轻度中毒主要表现为胃肠炎症状，食欲减退，体温正常或升高，泌乳母猪乳量减少，怀孕母猪发生流产，下腹有疹块，眼睑水肿，发生肠炎时则严重拉稀。重度中毒，病猪初期兴奋不安，并发生呕吐症状，拉稀，瞳孔散大，体温升高，狂躁，不顾任何障碍前冲；后期精神沉郁，昏迷，后肢软弱，四肢麻痹，走动摇摆，呼吸微弱，喘气，可视黏膜发绀，痉挛，心脏衰弱，呼吸麻痹而死亡。

（三）病理剖检

眼、鼻、口等可视黏膜苍白，血液凝固不良，呈暗红色，肛门周围被粪便污染，皮肤有大红紫斑块，腹腔脏器及网膜上有出血点，肠管具有出血性炎症，肝脏肿胀，脆弱，含有大量的血液，肾脏表面及肾盂有出血斑，心内外膜有出血点，心腔内充满凝固不全的赤褐色血液。

（四）预防

①已经发芽或大部分腐烂的马铃薯不能喂猪。局部腐烂的马铃薯应切除腐烂部分，高温煮熟后再喂。

②喂食量不可过多，不可用煮马铃薯的水喂猪。

③马铃薯的茎、叶干燥后，用开水烫熟，每次少量混入其他饲料中喂猪。

（五）治疗

①发现中毒立即用0.1%高锰酸钾溶液或5%过氧化氢洗胃。

②内服1%硫酸铜溶液50毫升催吐。

③内服硫酸钠等盐类泻剂，并配合用5%~10%苏打水灌肠。

④并发肠炎时，宜内服1%鞣酸蛋白溶液100~200毫升。

⑤可用咖啡因、樟脑磺酸钠等强心药进行皮下注射，以促进血液循环，增强心脏机能。

⑥必要时进行补液。

## 五、霉饲料中毒

（一）病因

发霉的玉米、麸皮、豆渣等饲料中含有许多有毒的霉菌，如黄曲霉菌和红青霉菌。猪吃了这种含有霉菌毒素的饲料就会发生中毒。

（二）临床症状

仔猪和怀孕母猪较为敏感。中毒仔猪常呈急性发作、出现中枢神经紊乱的症状，如头弯向一侧站立，头顶墙壁，嘴、耳、四肢内侧和腹侧皮肤出现红斑，常在发病数天后死亡。大猪病程较长，一般体温正常，初期食欲减退，后期停食，下痢，被毛粗乱，迅速消瘦，生长迟缓等。妊娠母猪常发生流产及死胎。公猪可能有包皮炎、阴茎肿胀等。

（三）病理剖检

主要是肝脏严重变性、坏死、肿大、色黄、质脆，小叶中心出血和间质明显增宽，有的肝叶全部变为砖红色。全身黏膜、皮下、肌肉可见有出血点和出血斑，淋巴结水肿，病程长的猪皮下组织黄疸，胸腹膜、肾、胃肠道常有出血。急性病例最突出的是胆囊黏膜下层严重水肿，慢性病例可见到全身黄疸。

（四）预防

不喂发霉的饲料。

（五）治疗

本病尚无特效解毒药物和疗法。对急性中毒的猪，主要是排出毒物、解毒、缓解呼吸困难。

①用0.1%高锰酸钾溶液或1%过氯化氢溶液洗胃。

②内服盐类泻剂，如内服硫酸钠50克。

③3%过氧化氢溶液10~30毫升，加入3倍以上的5%葡萄糖盐水溶液，混合后缓慢静脉注射。

④酸中毒时，可注射5%碳酸氢钠溶液100毫升，也可静脉注射5%~20%硫代硫酸钠注射液20~50毫升。

## 六、菜籽饼中毒

（一）病因

菜籽饼可用作猪饲料，但其中的芥子甙在芥子酶的作用下，可水解形成异硫氰酸丙烯酯或丙烯基芥子油以及硫酸氢钾等毒性物质，如果饲喂过量或不经过适当处理喂猪，可引起中毒或死亡。

（二）临床症状

育肥猪易发本病，多为急性，且死亡较快。猪采食菜籽饼后出现腹痛、胀肚、拉稀，粪中有的带血，尿频，有血尿，体温下降，易虚脱而死。

（三）病理剖检

胃肠道有不同程度的出血性炎症；肝、肾组织损伤及坏死等。

（四）预防

①用菜籽饼喂猪，必须先去毒，然后才可限量用于喂猪。

②对怀孕母猪及仔猪，应严加限用或不用。

③一般小规模少量饲喂，可以将粉碎的菜籽饼用盐水浸12~24小时，把水倒掉，再加水煮沸1~2小时，边煮边搅，使毒素蒸发后喂猪。

（五）治疗

本病尚无特效药，主要作对症处理。

①发现中毒后，立即停喂菜籽饼，让猪自由饮用0.05%高锰酸钾溶液，必要时可灌服0.1%高锰酸钾溶液或蛋清、牛奶、豆浆等。

②在有血尿时，应输液并配合维生素$K_3$及酚磺乙胺注射液，并可适当应用维生素C及肾上腺皮质激素等。

③一般不轻易使用泻剂，可考虑使用解毒剂。

## 七、有机磷农药中毒

（一）病因

有机磷农药是高效农业杀虫剂，可分为剧毒、强毒和弱毒三类。猪食用、触及喷过有机磷农药的农作物，或用敌百虫驱虫时内服或注射量过大，或人为投毒等都会引起猪中毒。

（二）临床症状

猪食用或触及有机磷农药后迅速出现中毒症状，轻度中毒的猪在0.5小时至8小时内表现为精神沉郁，肌肉颤抖，食欲不振，全身无力，站立不稳。严重的则会呕吐，口吐白沫，烦躁不安，呼吸困难，呼吸道分泌物增多，瞳孔缩小，可视黏膜发绀，脉搏细弱，全身肌肉抽搐，昏迷，大小便失禁，1~3天内死亡。

（三）病理剖检

胃内容物有蒜臭味；肝肿大，脂肪变性，胆汁滞留；肾脏肿大，质脆，土黄色；肺水肿；心肌及胃肠黏膜出血。

（四）预防

①健全对农药的购销、保管制度，防止其污染饲料、饮用水及周围环境。

②不用刚喷洒过农药的蔬菜、水果等料喂猪。

③不用喂猪的器具配制农药，也不用配制农药的器具喂猪。

④驱除猪体内外寄生虫时，严格控制用药剂量，最好由兽医负责或指导。

（五）治疗

中毒后立即急救，可以治愈。

**1. 皮肤沾染**

用肥皂和水洗涤。但敌百虫中毒忌用肥皂水洗。

**2. 进入体内**

用1%~2%苏打水或食盐水等洗胃，至洗液无磷臭味为止。

**3. 急救**

以硫酸阿托品2~4毫升皮下注射；碘解磷定0.5~3克（每千克

体重用碘解磷定0.015~0.05克），加入5%葡萄糖溶液20~50毫升稀释，1次静脉注射；肌内、静脉注射氯解磷定，每千克体重10~20毫克，若注射后不见好转，可隔2小时再注射1次。

## 第三节　营养代谢性疾病

### 一、仔猪缺铁性贫血

#### （一）病因

哺乳仔猪生长发育迅速，每天需铁7~8毫克，而仔猪出生时，体内铁的储备量极低，为30~50毫克，若不采取人工补铁措施，仅靠哺乳获得的铁远远不能满足仔猪的生长需要。

#### （二）临床症状

病猪表现为皮肤和可视黏膜苍白、轻度黄染，精神沉郁，食欲减退，营养不良，被毛粗乱，体温不高。重症病猪可视黏膜苍白如白瓷，光照外耳灰白色，几乎见不到明显的血管，针刺也很少出血，呼吸、脉搏均加快，稍加活动则心悸亢进，喘息不止。

#### （三）病理剖检

肝脏脂肪变性且肿大，呈淡灰色，有时有出血点；血液稀薄；肌肉色淡，特别是臂肌和心肌；脾脏肿大，色淡，质地稍坚实；心脏扩张；肾实质变性；肺发生水肿；胃肠有灶性病变。

#### （四）预防

①加强对妊娠及哺乳母猪的饲养管理，多喂富含蛋白质、无机盐（尤其是铁、铜、钙）及维生素的饲料。

②仔猪提早补料，尽量将母猪放牧，并让仔猪随同母猪放牧，多给仔猪接触土壤的机会。

③在上述母猪及仔猪栏内放入新鲜红土或泥炭土，让其采食，补充铁、钴等元素。

（五）治疗

治疗原则为补充外源铁质，充实铁质储备，通常采用口服铁剂，既经济又有效；在大型集约化生产条件下，多采用注射铁剂的方式。

**1. 口服硫酸亚铁**

①硫酸亚铁2.5克、硫酸铜1克和氯化钴0.2克加水1000毫升混合，每千克体重用此混合液0.25毫升，用汤匙灌，每天1次，连服7~14天。

②用硫酸亚铁100克和硫酸铜20克，磨碎成细末后混于5千克细沙中，撒在猪舍内，任仔猪自由舔食。同时，每次补给氯化钴50毫克或维生素$B_{12}$ 0.3~0.4毫克，配合叶酸5~10毫克，效果更好。

**2. 注射铁剂**

常用的铁剂有右旋糖酐铁、葡聚糖铁钴注射液、山梨醇铁。葡聚糖铁钴注射液或右旋糖酐铁2毫升，肌内注射，必要时需隔7天再半量注射1次。

**3. 哺乳母猪治疗**

哺乳母猪应给予含铁、铜、钴和各种维生素的饲料或添加剂。

## 二、新生仔猪低血糖症

（一）病因

**1. 原发性病因**

母猪怀孕后期饲养管理不当，营养不良，母猪缺奶、无奶或母猪产后感染而发生子宫炎、乳房炎等。

**2. 继发性病因**

仔猪患大肠杆菌病、链球菌病、传染性胃肠炎或先天性震颤病等疾病导致的吃奶障碍或热性病引起的代谢增高、吃乳量减少，同时消化吸收发生障碍等。

### （二）临床症状

仔猪多在出生后第2~4天出现症状，突然卧地不起，呈阵发性神经症状，头部角弓反张，四肢呈游泳状或伸直。眼球凝视，瞳孔散大，口流白沫。体温下降至36~37摄氏度，发生感染时可达40摄氏度，脉搏微弱。严重病例有昏迷、惊厥和反射消失的现象，可能在2小时内死亡。

### （三）病理剖检

消化道空虚，机体脱水。肝脏变化最为特殊，呈橘黄色，边缘锐利，质地像豆腐，稍碰即破。胆囊肿大。肾呈淡土黄色，有红色出血点，肾盂和输尿管有白色沉淀物。

### （四）预防

应加强怀孕后期及哺乳母猪的饲养管理，改善饲养环境，注意保温，减少应激等，使胎儿及产后仔猪有足够的奶水。

### （五）治疗

①轻症应尽快口服糖水或果汁，或每头仔猪用50%葡萄糖溶液和生理盐水配成浓度为10%~25%的葡萄糖盐水，腹腔注射20~50毫升，每5~6小时1次，连用2~3天。

②发生昏迷、惊厥的猪应立即静脉注射50%葡萄糖溶液3~5毫升。

③继发性原因引起的，应对症治疗。

## 三、钙和磷缺乏症（佝偻病、软骨病）

### （一）病因

①日粮中钙、磷缺乏或比例失调。

②饲料或动物体内缺乏维生素D。

③断奶过早、先天性发育不良、胃肠病、寄生虫病等因素可能影响钙、磷和维生素D的吸收和利用。

④先天性佝偻病是由于怀孕期间的母猪缺乏日光照射，体内钙、磷、维生素D含量不足，影响胎儿骨组织的正常发育。

### （二）临床症状

**1. 先天性仔猪佝偻病**

猪出生后即见面颅骨肿大，硬腭突出，四肢关节肿大且不易弯曲。

**2. 后天性仔猪佝偻病**

猪发病初期食欲无大异常，不愿走动，行走困难；强迫运动时，步履蹒跚，常发出尖叫声，或出现突然倒地、痉挛等神经症状。病情严重时，骨骼渐渐发生变形，面颅骨、关节肿胀，四肢变形，肋骨向内弯曲，有的脊柱上弓或下陷，下颌骨膨胀，头部变形。有的不能起立，跪地采食。病猪采食日渐减少，逐渐消瘦衰弱，常并发其他疾病而死亡。

**3. 怀孕母猪患软骨病**

患该病的怀孕母猪，咀嚼缓慢，跛行，极易发生产后瘫痪。

### （三）预防

①保证日粮中钙、磷和维生素D的含量充足，合理调配饲料，使钙、磷比例在1.5：1至2：1之间。

②妊娠后期的母猪更应注意钙、磷、维生素D的补给。

### （四）治疗

①维生素$D_2$胶性钙注射液皮下或肌内注射，每次按每千克体重5000~20000单位，每天1次，连用5~10天。

②维生素$D_3$注射液肌内注射，每次按每千克体重1500~3000单位，连用5~10天。

③对食欲减退或不进食的病猪，可肌内注射0.1%亚硒酸钠注射液，每千克体重0.1毫升，总量不超过4毫升，3天后可再注射1次。

④畜禽的骨骼煅烧成炭，研成粉末，喂母猪或仔猪，每天1次，连用5~10天；或用禽类蛋壳0.5千克焙烧后，碾成细粉，拌于饲料中喂服，每天1~2次，每次每千克体重20~30克。

⑤苍术5~10克，研成粉末，仔猪分2次内服或拌料混饲，连用10~20天。

⑥成年猪可用10%葡萄糖酸钙溶液50~100毫升或3%次磷酸钙溶液60~70毫升静脉注射，每天1次，连用3天。

## 四、锌缺乏症

### （一）病因

#### 1. 原发性锌缺乏（绝对性锌缺乏）

主要是由于饲料中锌含量不足。

#### 2. 继发性锌缺乏（相对性锌缺乏）

存在干扰锌吸收利用的因素。当机体患有慢性消耗性疾病，特别是慢性胃肠疾患时，会妨碍锌的吸收，而引起锌缺乏症。

### （二）临床症状

生长发育缓慢乃至停滞，生产性能减退，繁殖机能异常，骨骼发育障碍，皮肤角化不全，被毛异常，创伤愈合缓慢，免疫功能出现缺陷以及胚胎畸形。病猪腹下、背部、股内侧、四肢关节、耳及尾部周围出现对称、明显的斑疹厚痂，有裂隙；表皮增厚，上覆容易剥离的鳞屑，不发痒，常继发皮下脓肿；常腹泻。

### （三）预防

100毫升水中添加硫酸锌或碳酸锌50毫克，加入日粮中，有良好的预防效果。

### （四）治疗

用碳酸锌或其他锌制剂，每千克体重2~4毫升肌内注射，每天1次，10天为1个疗程。

## 五、铜缺乏症

### （一）病因

**1. 原发性铜缺乏**

主要是饲料中含铜量不足或缺乏所引起。这种情况在土壤缺铜地区较为常见。

**2. 继发性铜缺乏**

已经证明饲料中钼含量过多时可妨碍铜的吸收和利用，其他金属元素如锌、铅、镉、银、镍、锰及维生素C、硫酸盐和植酸盐也能影响铜的吸收和利用而引起发病。另外当动物患各种胃肠疾病时，也影响铜的吸收和利用，造成继发性铜缺乏。

### （二）临床症状

猪出现贫血，心肌萎缩，下痢，食欲减退或消失，生长缓慢，被毛脱落等症状。

（三）预防

怀孕母猪、泌乳母猪及哺乳仔猪等均可用药物预防。

（四）治疗

可将2.5克硫酸亚铁、1克硫酸铜、1000毫升冷开水混合后，过滤喂仔猪或擦母猪奶头上，分多次，连续数天。也可按每千克体重配氯化钴、硫酸亚铁各1克，硫酸铜0.5克溶于100毫升冷开水中，供全窝仔猪内服。

## 六、维生素A缺乏症

（一）病因

**1. 原发性维生素A缺乏**

①饲料中维生素A原（类胡萝卜素）或维生素A含量不足，即富含维生素A原的青饲料供应不足。

②饲料加工、调制、贮存不当，使维生素A原遭到破坏和损失。

③饲料中存在干扰维生素A代谢的物质。

④机体对维生素A的需要增加，常见于泌乳、妊娠、生长高峰期以及热性病和传染病的过程中。

**2. 继发性维生素A缺乏**

当动物患有慢性胃肠疾病和肝胆疾病时，影响维生素A的吸收和利用，造成继发性维生素A缺乏。

（二）临床症状

仔猪发病后较典型的症状是皮肤粗糙、皮屑增多，呼吸器官和消化器官黏膜常发生不同程度的炎症、咳嗽、下痢、生长发育缓慢。发病严重的猪发生神经机能障碍。初期病猪头偏向一侧，走路摇摆，后躯麻痹瘫痪，弓背，打颤，前肢跪地前进。强行起立时，则肌肉颤栗，发嘶哑叫声。鼻端、耳尖和四肢末梢发凉，心跳急速，心律不齐。随着病情发展出现夜盲症、生殖器官发育不全、流产或死胎等。

（三）预防

加喂富含维生素A的饲料，如青饲料和胡萝卜等。

（四）治疗

①重症猪可皮下或分多个部位肌内注射精制鱼肝油5~10毫升，也内服维生素A 2万~5万单位。

②肌内注射维生素A注射剂2万~5万单位，同时加用维生素E，疗效更好。

## 七、维生素$B_1$缺乏症

（一）病因

**1. 原发性维生素$B_1$缺乏**

主要是饲料中维生素$B_1$含量不足所引起。动物体不能贮存维生素$B_1$，只能经常从饲料中获取。长期缺乏青饲料而谷类饲料又不足时，会引起维生素$B_1$缺乏。另外患慢性消化道病或肝脏病均易诱发该病。

**2. 继发性维生素$B_1$缺乏**

饲料中存在干扰维生素$B_1$作用的物质，如硫胺素酶，可分解维生素$B_1$而使其丧失生物活性。

（二）临床症状

初期疲乏软弱，食欲减退，肌肉疼痛，消瘦，感觉异常，心悸亢进，浮肿，便秘或腹泻，生长不良，呕吐，皮肤及可视黏膜发绀。严重时则运动失调，惊厥、昏迷而死。

（三）预防

关键是加强饲养管理，应在饲料中配合糙米类、麦类和青饲料等含维生素 $B_1$较多的饲料。

（四）治疗

①一般可皮下或肌内注射维生素 $B_1$，每千克体重 0.25~0.5 毫升。

②轻症也可每次经口内服维生素 $B_1$片，每千克体重 25~50 毫克，每天 2~3 次。

③急性暴发型病例，可每次用维生素 $B_1$按每千克体重 0.5~1 毫克混于 25%~50% 葡萄糖水内，缓慢静脉注射，每 4 小时 1 次，直至心力衰竭症状消失为止。然后改为经口内服或混于饮用水、饲料内。

## 八、维生素 $B_2$缺乏症

（一）病因

①饲料中维生素 $B_2$含量不足所引起，如长期单纯饲喂谷物及其副产品。

②饲料的加工、调制、贮存方法不当，可造成维生素 $B_2$的破坏，使动物维生素 $B_2$摄入不足。

③动物患胃肠疾病时，影响了机体肠道对维生素 $B_2$的吸收，继发本病。

④动物在寒冷环境中对维生素 $B_2$的需求增加，机体供应相对不足时，亦可发生维生素 $B_2$缺乏症。

（二）临床症状

猪缺乏维生素$B_2$时，脚弯曲强直，皮肤增厚、部分发疹、起鳞屑和溃疡、脱毛，皮肤与可视黏膜发绀，生长迟缓，呕吐，腹泻，晶状体混浊，母猪早产、泌乳量减少等。

（三）预防

①正常情况下猪每千克体重每天需要6~8毫克维生素$B_2$，所以每吨饲料中补充维生素$B_2$ 2~3克，就可有效地防止本病的发生。

②合理搭配饲料，保证营养全面。

③妊娠母猪或带仔母猪，要经常喂青饲料，增加户外活动。

（四）治疗

每头猪口服或肌内注射维生素$B_2$ 0.02~0.03克，每天1次，连用3~5天，同时饲喂青绿多汁饲料。

## 第四节　猪应激综合征

### 一、猪应激综合征

（一）病因

造成应激综合征的病原称为应激原，如预防注射、断乳、肥猪出栏、运输、驱赶、鞭打、环境过冷或过热等，都可引起此病。兰德瑞斯猪（长白猪）容易发生，一般认为此病有遗传性。

（二）临床症状

猪受到外界刺激呈现特异的病状，如猪肌肉、尾巴打颤，呼吸困难，皮肤红白交替，体温上升，酸中毒，黏膜发紫，肌肉严重强直，导致虚脱死亡。死亡后肌肉苍白、柔软、渗出物增多、含水多。舍饲、肌肉生长丰满的猪发病率较高。因本病而死亡的猪占总死亡率的15%~36%。

（三）预防

加强饲养管理，减少产生刺激性因素，在运输、驱赶猪时不粗暴对待。

（四）治疗

初期去除应激原，使猪安静，如不发展就不需治疗。如出现皮肤发绀、肌肉僵硬，则用镇静药治疗。

①注射盐酸氯丙嗪注射液，每千克体重1~3毫克，或注射氢化可的松，大猪每头100~200毫克。

②静脉注射1.4%碳酸氢钠200~400毫升。如注射液浓度为5%，可用生理盐水或注射用水稀释2.5倍，稀释后使用，以治疗酸中毒。

## 思考题

1. 猪常见的内科疾病有哪些？
2. 怎样预防猪呼吸、消化系统疾病？
3. 猪中毒性、营养代谢性疾病的常用药是什么？
4. 猪有机磷农药中毒有什么症状？如何急救？

# 第五章　常见产科与生殖器官疾病

### 本章提要与学习指导

本章介绍猪常见产科疾病和生殖器官疾病的病因，重点介绍临床症状、预防与治疗措施。

学习中注意了解常见病的诊断要点，主要掌握其诊断技术和综合防治措施。本章介绍的药品使用应结合实际，未提及用量、用法的药品可根据说明书使用。

## 第一节　母猪产前产后疾病

### 一、流产

#### （一）病因

**1. 非感染性流产**

已孕母猪受到撞击、滑倒、咬架等外部机械性损伤时易发生流产。在精神上突然受到惊吓、膘情不好的猪受到寒冷刺激可引起流产。饲喂腐败变质饲料、酸酵性饲料、有黑斑病的甘薯和含有茄碱的马铃薯也可造成流产。饲料中缺乏蛋白质、矿物质和维生素，饲喂麦角、毒扁豆碱、胆碱药、麻醉药及利尿药，内服大量泻药可引起流产。长距离运输、高度近亲繁殖等，都可引起流产。

**2. 感染性流产**

妊娠母猪感染布鲁氏菌、钩端螺旋体、李氏杆菌、猪瘟病毒、流行性乙型脑炎病毒、猪丹毒杆菌及弓形虫后均可发生流产。

### （二）临床症状

有的母猪缺乏明显症状，易突然流产。有的在流产前，母猪食欲减退，体温略升高，乳房肿胀，阴道黏膜充血，从阴道流出暗红色分泌物，母猪有腹痛表现，产出不足月的死亡胎儿。

### （三）预防

加强饲养管理，合理搭配饲料，不喂霉烂变质的饲料。

### （四）治疗

①黄体酮10~30毫升，1次肌内注射，连日或隔日注射，根据情况可用2~3次。

②内服镇静剂如溴化钾5~10克或水合氯醛2~4克。

③若流产，可使用催产素20~40单位肌内注射，促进胎儿排出及胎衣、胎水的排出，加快子宫复原。

## 二、死胎

### （一）病因

①高度近亲繁殖；母猪没有适当运动，猪体过肥；饲养管理不当。

②母猪吃了冰冻、腐败或霉烂变质的饲料。

③母猪感染了钩端螺旋体病、流行性乙型脑炎等传染病，病原体随血液循环而至母猪全身，致使胎儿死亡。

④早配、妊娠期时由于母猪本身继续生长的需要，不能让胎儿获得足够养分，导致死胎。

⑤母猪相互挤撞和受到打击时，使胎儿受压、受伤而致死。

### （二）临床症状

母猪起初精神不振，不食或少食，时有腹痛；随后起卧不安，弓背，努责，外阴肿胀，阴门中流出污浊黄褐色带有恶臭味的分泌物。在妊娠后期，用手按腹部检查时久无胎动，病猪呆滞，逐渐消瘦。若死胎腐败，常出现母猪体温升高，呼吸急促，心跳加快等全身症状。若不及时治疗，母猪常因急性子宫内膜炎而引起败血症死亡。

### （三）预防

从饲养着手，提高母猪抵抗力，使母猪和胎儿能得到充分营养。死胎不能排出时，可先用大量43摄氏度温水注入子宫内，使子宫颈充分开放后，再注入黏滑剂（2.5千克温水加0.5千克植物油），使死胎流出。如死胎已腐败，可先消毒阴道，将大量黏滑剂注入子宫，促使死胎流出。已超过妊娠期的死胎，经久不能排出，应施手术取出死胎。

### （四）治疗

①若子宫颈开张不大，母猪阵缩无力，可一次性皮下注射催产素10~50单位。死胎全部排出后用1%高锰酸钾溶液、1%过氧化氢或生理盐水冲洗子宫，再注入碘制剂、投放金霉素或土霉素胶囊200万~300万单位。若病猪体温升高，可肌内注射青霉素、链霉素，连续数天。

②穿山甲30克、大戟30克、滑石30克、海金沙15克，水煎后加生猪油125克冲服。

## 三、胎衣不下

### （一）病因

①饲养不善导致母猪瘦弱，气血虚弱，流产或难产，子宫

发炎。

②妊娠期间饲料缺乏或饲料中缺乏维生素及矿物质，运动不足，机体瘦弱或过肥等。

③胎儿过大、过多、畸形及难产等，都可使子宫收缩无力，造成胎衣不下。

④母猪患有布鲁氏菌病或慢性子宫内膜炎时，使子宫黏膜与胚胎绒毛粘连也会使胎衣不下。

（二）临床症状

母猪分娩3小时后胎衣部分或全部滞留在子宫内，也有部分胎衣悬垂于阴门之外，初期没有明显的症状。随着病程延长，胎衣在子宫内滞留时间过久，发生腐败分解，引起全身症状。母猪不断努责，神情不安，精神不振，食欲减退或废绝，阴门流出暗红色或红白色带有恶臭气味的分泌物，可引起败血症。

（三）预防

妊娠母猪必须供应全价饲料，注意添加矿物质、维生素和供给青饲料，适当运动。

（四）治疗

①注射子宫收缩药。母猪产后4~5小时如胎衣不下，可注射垂体后叶素2~4毫升，或肌内注射马来酸麦角新碱注射液1~2毫升。

②对自行产出较困难、体形大的母猪，施术者将手指甲剪短，消毒后涂油，顺阴道摸入子宫，轻轻剥离胎衣，取出，然后用0.1%高锰酸钾溶液500~1000毫升冲洗子宫，再送入金霉素胶囊。当胎衣腐败时，应用消毒药液冲洗子宫，冲洗干净后，注入抗菌药物，连续使用3~5天。

## 四、子宫脱垂

### （一）病因

①母猪营养不良、衰老和产仔次数过多，或在产前不运动并营养过剩，容易使子宫肌肉松弛而造成子宫脱垂。

②母猪分娩时存在气臌、严重便秘或咳嗽等情况，由于体内压力增加而引起子宫脱垂。

③胎儿太大，子宫过度扩张，骨盆韧带松弛。

④由于胎衣不下而发生子宫外翻。

### （二）临床症状

子宫不完全外脱时，病猪拱背，尾上举，频频努责，常作排尿姿势，有时排出少量粪、尿，用手伸入阴道内，可摸到子宫角。子宫部分外脱时，病猪卧地后可见阴唇外凸出鲜红色球状物。子宫完全脱垂多见于分娩时，若血管破裂则有大量鲜红色血液流出。脱垂的子宫很快水肿，而后因淤血，黏膜呈紫红色。时间过久，则黏膜干燥或干裂。压迫尿道时，会引起尿闭及尿毒症发生。

### （三）预防

加强怀孕后期母猪的饲养管理。饲料中含足够的蛋白质、无机盐及维生素。不喂食过饱，以减轻腹压。每天让母猪适当地运动，以增强母猪的体质。

### （四）治疗

①把后腿吊起来，用川椒、艾叶等份，煎汤，用其澄清液清洗子宫。

②0.1%高锰酸钾溶液或2%明矾溶液洗净子宫黏膜上污物，然后将子宫送回，并将阴户缝上2/3，不要缝合阴门下角，以免妨

碍排尿。

③子宫不完全脱垂时，如整复困难，可用含有抗菌药的生理盐水1000毫升注入子宫内，借助于液体压力，让子宫角复位。

④子宫完全脱垂、整复困难时，可作子宫截除术或淘汰处理。术后，根据病情注射强心补液，应用抗生素及磺胺类药物预防感染。

## 五、子宫炎

### （一）病因

①通常是在配种、分娩、产后，阴道感染链球菌、葡萄球菌、化脓棒状杆菌及大肠杆菌等引起。

②临床上常见的阴道炎、子宫颈炎、子宫脱垂、胎衣不下及难产等，均可继发。

③患布鲁氏菌病、结核病、猪副伤寒和人工授精消毒不彻底或自然交配时感染化脓棒状杆菌等也可致病。当母猪瘦弱、抵抗力弱时，也会引起此病。

### （二）临床症状

慢性子宫炎临床症状不明显，但母猪往往因推迟发情或发情不正常，而不受孕。急性子宫炎表现为体温升高，特别是母猪倒卧时，阴道流出白色黏液或脓性分泌物，分泌物有时变灰红色或污黄色，黏于尾根部，腥臭难闻。猪体消瘦，腹痛，并常作排尿状。

### （三）预防

加强饲养管理，提高猪体的抵抗力，消除炎性产物，消灭病原菌，尽快促进子宫机能恢复。

（四）治疗

①急性化脓性子宫炎，每天以1%~2%的温食盐水充分冲洗子宫，至导出洗液全部透明为止，然后注入青霉素、金霉素等溶液。

②用1%明矾、1%~2%苏打、0.1%高锰酸钾或5%~10%高渗盐水冲洗。

③青霉素、链霉素1次肌内注射。

④益母草15克、野菊花15克、白扁豆10克、蒲公英10克、鸡冠花10克、玉米须10克，加水煎汁，加红糖200克，1次灌服。

## 六、母猪瘫痪

（一）病因

①由于血糖、血钙骤然减少和产后血压降低等易使猪大脑皮质发生机能障碍。

②缺乏钙、磷或钙、磷比例失调。

③缺乏维生素。

（二）临床症状

产前瘫痪多在分娩前数天或几周突然发生。初期肌肉颤抖，起立、步行困难，前肢爬行时后肢摇摆，驱赶时有尖叫声，渐渐卧地不起。对威吓、打击的反应减弱或完全失去反应。产后瘫痪多在产后半月内发病，病猪不食或少食，精神不好，奶少，不能站立。

（三）预防

①合理搭配饲料。除注意精、青饲料搭配外，还需要根据饲料条件，每天加喂骨粉、碳酸钙粉、鱼粉、牡蛎粉、蛋壳粉、食盐等，用量一般占精饲料的1%~2%。

②注意保持母猪圈舍干燥，适当饮水和运动有助于提高母猪体质。

（四）治疗

①10%葡萄糖酸钙溶液50~100毫升，1次缓慢静脉注射。或5%氯化钙溶液20~50毫升加25%葡萄糖溶液50毫升，1次缓慢静脉注射。

②若不能静脉注射，可先用温肥皂水灌肠清除肠内积粪后，再用葡萄糖100~200克配成50%溶液1次灌肠，每隔30~60分钟1次，直至病猪精神好转为止。

③维生素$B_1$ 20~50毫克，1次皮下注射，每天2~3次。

## 七、母猪产褥热

（一）病因

①母猪产后，产道或子宫壁黏膜的损伤部位感染链球菌、葡萄球菌、大肠杆菌等。

②母猪产后没有得到很好地护理，猪舍内寒冷、潮湿，也常得此病。

（二）临床症状

体温上升到40摄氏度以上，病猪不食或少食，喜卧，不愿行动或步行不稳，发抖，喘粗气，大便稍干，奶少或无奶。从阴门排出有臭味的暗红色液体。

（三）预防

加强饲养管理，喂食营养丰富且易于消化的饲料，给予适量青饲料、维生素和矿物质等。

### （四）治疗

**1. 清除子宫内腐败的胎衣及炎性渗出物**

①应用子宫收缩剂，每次皮下或肌内注射垂体后叶素10~50单位，每天2次。

②禁止冲洗子宫，若阴道内有创伤时应涂紫药水及抗生素软膏或磺胺软膏。

**2. 全身应用抗生素或磺胺类药物**

①青霉素肌内注射，每天2次。

②硫酸链霉素每12小时肌内注射1次，也可同时用青霉素、链霉素液混合肌内注射，或应用土霉素、金霉素每千克体重5~10毫升静脉或肌内注射。亦可同时选其1~2种注入子宫内，疗效更好。

③磺胺类药物静脉或肌内注射，每天2次，也可内服，初次用量加倍，每天1次。

④有脱水及酸中毒症状时，可混合5%葡萄糖盐水500毫升、5%碳酸氢钠50~100毫升缓慢静脉注射，每天1~2次。

## 八、产后败血症及脓毒血症

### （一）病因

①母猪产后抵抗力下降，平时在阴户、阴道的非致病菌，如葡萄球菌、大肠杆菌、链球菌等趁机侵入血液而致病。

②胎儿过大或难产，引起阴道损伤，病菌趁机侵入。

③助产时不严格消毒，将致病菌带入阴道，病菌侵入血液繁殖。

④胎儿腐败、胎衣滞留，引起子宫内膜炎、阴道炎，病菌趁机通过黏膜到血液里生长繁殖而致病。

⑤严重的乳房炎有时也会引起产后的全身感染。

### (二)临床症状

#### 1. 产后败血症

发病初体温突然升高，四肢末端及两耳冰冷，脉搏和呼吸频率增加。病猪躺卧不愿起立，无食欲但喜饮水。一般均有腹膜炎现象，腹痛。有时阴道中流出带臭味的褐色液体，泌乳停止。由于脱水，眼球凹陷，器官高度衰竭，体温下降至死亡。

#### 2. 脓毒症

病猪体温时高时低，食欲减退或停食，泌乳减少或停止，乳房萎缩，若乳房化脓则出现乳房发红、无乳、有热感。仔猪生长不良，或出现死亡。若四肢关节出现肿胀，则跛行。

### (三)治疗

①生殖道感染引起的，以灌注抗生素为主，不宜冲洗，并尽量减少对子宫的刺激，以免炎症扩散。为了促进子宫内的渗出液排出，可肌内注射子宫收缩药麦角新碱0.2~0.5毫升、缩宫素等。

②全身疗法：加大抗生素用量，肌内注射，每天1~2次。

## 九、新生仔猪窒息

### (一)病因

分娩时间过长、胎盘早期剥离、血液循环减弱或停止，胎儿得不到足够的氧气，而二氧化碳又在体内积蓄，迫使胎儿早呼吸，吸入羊水，发生窒息。母猪产前营养不良，饲料供给不足或缺乏，使其消瘦、贫血；母猪产前患高热性疾病、肺炎等，母体内含氧不足，或仔猪脐带缠绕；母猪子宫强直性收缩，胎盘血液循环出现障碍等，均可造成新生仔猪窒息。

（二）临床症状

**1. 轻度窒息**

新生仔猪可视黏膜发绀，舌垂于口角，口和鼻腔内有黏液，呼吸不均，气喘急，脉搏快而弱，肺部听诊有啰音，有角膜反射。将后肢提起倒立，鼻孔有羊水流出。

**2. 重度窒息**

新生仔猪可视黏膜苍白，深度休克，全身松软，反射消失，呼吸停止，心跳微弱。

（三）治疗

①将新生仔猪口腔、鼻腔中的羊水擦净，使呼吸道稍畅通，再提起后肢倒立不断抖动，同时拍打仔猪，轻压胸腔部，恢复呼吸。

②用氨水或酒精涂于仔猪鼻孔上，刺激呼吸反射。

③重度窒息可采用人工呼吸，用手捂住一侧鼻孔，向另一侧鼻孔吹入空气，再按压胸部，使空气排出，如此反复。

④用药物使呼吸和血管运动中枢兴奋：25%尼可刹米1~4毫升，皮下或肌内注射。

## 第二节　乳腺疾病

### 一、母猪无乳综合征

（一）病因

①营养不良，饲料单一，产后饲料品质较差。

②母猪早配，乳腺发育不良或年龄过老，乳腺机能减退，或

患有乳腺炎、子宫炎。

### （二）临床症状

产后无乳或乳量不足。

### （三）预防

①在每吨日粮中混入1.8千克硫酸钠，可起到轻泻作用。

②分娩前3~5天饲喂磺胺类药物可降低产后乳房炎的发生率。

③母猪产后立即使用广谱抗生素预防乳房炎。

### （四）治疗

①针对发病原因，加强母猪的饲养管理，妊娠后期喂全价饲料及青绿多汁饲料。鲫鱼500~1000克煮汤，不放盐，去刺，让猪吃下。

②新生仔猪应选择其他方法来饲喂，直到患病母猪恢复泌乳。治疗期间，应把仔猪留在母猪身边，让它们吸吮乳头以刺激母猪，有助于母猪恢复泌乳。许多母猪在产后3~4天往往可以恢复泌乳，这时可以中断其他饲喂方法重新改为母猪哺乳仔猪。

③成年或青年母猪常用注射催产素疗法，每天可肌内或皮下注射30~40单位，或静脉注射20~30单位，可以促进泌乳。必要时，间隔3~4小时重复使用。

④因感染性乳腺炎引起的无乳症，可选用广谱抗生素治疗。如果一个猪群发生问题，可采集患病母猪乳汁进行培养或做药敏试验，已发现从乳汁中分离出的许多细菌对常用的抗生素有耐药性，因此应选择有针对性的抗生素治疗。若病猪体温升高，可肌内注射青霉素150万~200万单位、复方氨林巴比妥注射液10~20毫升或安乃近10毫升。

## 二、乳房炎

### （一）病因

①母猪的乳房经常在地面摩擦，以致受伤；因天冷，猪舍缺少垫草，乳房与冷湿地面接触时间过长导致发病；等等。

②仔猪咬伤乳房，或乳房内乳汁堵塞，或断乳方法不当。

③猪体其他部位被感染，即子宫内膜炎、结核病、放线菌病发作，病毒转移至乳房。

④难产、产仔过多、分娩时间过长或母猪过度疲劳，以及被化脓棒状杆菌侵入感染时也可发病。

### （二）临床症状

①局限性乳房炎是一种常见病，局限于1~3个乳房区发病。局限性乳房炎是乳头管口直接接触凹凸不平的猪舍地面，导致乳头破损或仔猪咬伤乳房使得病原菌侵入而发病。

②扩散性乳房炎多于分娩后发病，一两天中全乳房区急剧肿胀，几乎无乳汁分泌。全乳房区发炎以后，体温常升高到40摄氏度以上，食欲废绝，惧寒战栗。乳房肿胀结节，发红，胀平发亮。严重时全部乳腺和腹下部分红热胀硬，触摸有疼痛感。患病乳房分泌黄色黏稠水样脓汁乳母猪，发热达40~41摄氏度，乳汁常引起仔猪拉稀。

### （三）预防

①分娩中尽可能使母猪两侧伏卧，助产时间要短，使其尽快产完。饮清水，使母猪体温下降。

②注意防止哺乳仔猪咬伤母猪乳头，在仔猪初生时用锐利的铁剪从牙根处剪断犬齿。

③改善猪舍环境和加强饲养管理。

### (四)治疗

应及时合理处理，以免炎症蔓延至乳腺深部组织。

①隔离仔猪，尽快消除乳房炎症，用手挤出患病乳房奶汁，再用青霉素80万单位、链霉素50万~100万单位，一起溶于30~50毫升生理盐水或蒸馏水内，用乳导管注入乳池内，每天2~3次。

②封闭疗法。0.25%~0.5%盐酸普鲁卡因50~100毫升，加入80万~160万单位青霉素，在患部乳房周围皮下进行菱形封闭，每天1次。

③急性炎症初期可冷敷，每天2~3次，每次半小时。亚急性或慢性炎症，可热敷，局部涂10%鱼石脂软膏或樟脑软膏等。

④乳房发生脓肿时，应用手术刀及时由上向下纵向切开，排出脓汁，然后用3%过氧化氢或0.1%高锰酸钾溶液冲洗干净，最后填入乳酸依沙吖啶或碘酊纱布条，每隔1~3天换1次，直至无脓液。

⑤金银花、连翘、蒲公英、地丁各10克，知母、黄柏、木通、大黄、甘草各6克，研磨拌食。

# 第三节 繁殖障碍与难产

## 一、母猪不孕症

### (一)病因

**1. 消瘦不孕**

营养不良，猪体消瘦，性机能减退，发情失常。

### 2. 肥胖不孕

精饲料多，缺乏运动，病理性肥胖，内分泌失常，长期不发情。

### 3. 炎症不孕

患有某些传染病、寄生虫或其他病理原因引起的生殖系统的炎症，例如慢性子宫炎、阴道炎、卵巢囊肿、子宫内膜炎、布鲁氏杆菌病等。

### 4. 维生素或矿物质缺乏不孕

内分泌机能紊乱，因而长期不孕。

### 5. 近亲繁殖不孕

血缘很近的公、母猪进行交配，常不能正常受精。

### 6. 老龄不孕

母猪利用6~7年以后，卵巢发生萎缩，性机能逐渐减退或消失，不再产生卵泡，最后失去繁殖能力。

### 7. 配种不当

一般配种最适宜的时间是在母猪排卵前的2~3小时；若交配时间过早，当卵子排出时，精子已失去生命力，即使勉强受精，受精卵活力也不强，往往会中途死亡。反之，若交配过迟，精子输入，卵子已失去生命力时也会出现同样情况。通常母猪适宜配种的时间是在发情后的24~48小时，此时受孕率最高。

## （二）临床症状

性欲缺乏或显著减退，很长时间不发情，发情征候不明显或完全不显，排卵失常，交配不孕。

## （三）治疗

根据不同病因，对症治疗。在母猪缺乏性欲时，可试用下列药物促进性欲，刺激发情。

①苯甲酸雌二醇2毫升，1次肌内注射，或丙酸求偶二醇1~2毫升，1次肌内注射。

②己烯雌酚3~5毫升，1次肌内注射，或二酚乙烷1~3毫升，1次肌内注射。

## 二、母猪难产

### （一）病因

#### 1. 母畜因素

子宫收缩微弱是引起母猪难产的最常见原因之一。原发性子宫收缩微弱是营养不足、运动量不足及过度肥胖等引起的。继发性子宫收缩微弱是胎位不正和产道堵塞，使分娩延长，导致子宫和母体衰竭而引起的。母猪子宫畸形也会导致难产。

#### 2. 胎儿因素

胎儿少而大，分娩时胎位、胎势及胎向不正时，胎儿发生畸形时，母猪都可能会难产。

### （二）临床症状

母猪分娩力弱，表现为努责次数少，分娩时间已久，但迟迟不见胎儿产出。产道狭窄，表现为阴门松弛开张度不够，只能伸入几指，尾根两侧松软度也不够，分娩力正常，但仅流出一些胎水，而不见胎儿产出。由于胎儿异常引起的难产，往往产道开张情况和分娩力都正常，就是不见胎儿产出。如果产程过长，则母猪心脏衰竭、心跳减弱、呼吸轻微。严重的，母猪可在2~3天内死亡。

### （三）预防

①注意选种配种，避免近亲繁殖。

②母猪要在8~10月龄以后配种。

③注意促进母猪运动和适当多喂给青饲料。

④母猪分娩时要有专人守护，以便难产时及早发现、及早救治。

（四）治疗

通过产道检查，找出造成难产的主要原因，采取相应的治疗措施。

**1. 徒手牵引**

胎儿过大、两胎儿同时进入产道、分娩力弱时，用绳子或产钳协助取出胎儿。手可触及胎儿时，可在截胎器的协助下取出胎儿。

**2. 药物催产**

产道开张较好，胎儿姿势正常，单纯的分娩力弱，特别是大部分胎儿已产出，但母猪过分疲乏，子宫无力时，常用催产素及垂体后叶素，每次皮下或肌内注射5单位，每半小时注射1次，可用4~5次。

**3. 剖腹取胎**

骨盆狭窄，子宫颈开张不全，上述方法无效时，可考虑剖腹取胎。手术方法及步骤如下：

①病猪左侧横卧保定。

②手术部位清洗、剃毛，消毒后铺消毒创布，局部用0.2%~0.25%盐酸普鲁卡因沿切口线作浸润麻醉。必要时，用盐酸氯丙嗪，按每千克体重0.5~1毫升，肌内注射，全身麻醉。

③手术部位选在右侧腹壁上，从髋骨结节向腹部引一垂线，再从已向后牵引的后肢膝关节处向前引一平行线，以两线交点的前上方约5厘米处为切口，向前下方切开腹腔，切口长15~20厘米。切开皮肤后，用刀柄剥离皮下脂肪、肌肉及肌膜。用镊子提

起腹膜，剪开。手伸入腹腔，取出子宫角，放在消毒创布上，四周围上灭菌纱布，沿子宫角大弯，尽量靠子宫体附近开10厘米长纵向切口。先取出靠近切口的胎儿，其他胎儿依次用手挤压移至切口处取出。用同样的方法再取出另一子宫角的胎儿。若取出的仔猪仍活着，用布擦净仔猪口、鼻内的黏液和羊水，交专人护理。

④胎儿全部取出后，子宫角及子宫外露部分用温热的灭菌生理盐水洗净拭干。子宫角切口创缘用肠线或丝线，将浆膜和肌肉层连续缝合，撒上青霉素粉，再进行一层内翻结节缝合。为防止子宫感染，缝合前在子宫内放入金霉素胶囊或其他药物。子宫缝合后消毒，送回腹腔。用灭菌生理盐水洗净腹腔切口，缝合腹膜，撒上青霉素粉或磺胺结晶。再缝合肌肉、皮肤。切口周围用碘酊消毒后手术完毕。

⑤术后，根据病猪具体情况，适当补液，注射抗生素。为促进子宫收缩，可注射垂体后叶素和麦角制剂。

## 三、种公猪繁殖障碍

### （一）性欲减退或缺乏

#### 1. 病因

种公猪性欲低下往往是睾丸间质细胞分泌的雄激素量减少所致；甲状腺机能不全也可能是本病发生的因素；种公猪配种过度，老龄种公猪性欲衰退，运动量不足，饲料中长期缺乏维生素E或维生素A，都可引起性腺退化；睾丸炎、肾炎、膀胱炎等也能引起性机能衰退；种公猪在酷暑季节性欲减弱，尤其是过肥的种公猪更为明显；不同品种种公猪性欲存在差异，大白猪和约克夏猪爬跨欲望高，而汉普夏猪、杜洛克猪性欲偏低。

2. 临床症状

见发情母猪性欲迟钝，厌配或拒配。种公猪爬跨母猪后阳痿不举，有些种公猪交配时间不长，射精量不足。

3. 防治

使用种公猪专用饲料，建立科学配种制度，有条件的采用人工授精。对于缺乏性欲的种公猪可1次皮下或肌内注射甲睾酮30~50克。

（二）不能交配

1. 病因

有的种公猪因外伤、蹄炎及交配后落地时脱臼而不能交配；有的种公猪精液性状虽正常，但阴茎先天性不能勃起。

2. 治疗

性欲、精液正常的种公猪，可采集其精液进行人工授精。因阴茎损伤而不能交配的种公猪可用2%硼酸洗液洗净治疗。先天性不能交配的种公猪应予以淘汰。

（三）不能繁殖

1. 病因

夏季气温升高，使睾丸生成精子的机能降低、甲状腺机能减退等，造成精液质量不良，如精液量少、精子数少、精子活力降低等。

2. 治疗

患有精子减少症的种公猪可肌内注射孕马血清促性腺激素（PMSG）200国际单位。在人工授精和自然交配前检查精子质量，母猪受胎要求有活力的精子数超过20亿，精液量必须在50毫升以上。

### （四）阴囊炎及睾丸炎

#### 1. 病因

睾丸受伤，夏季的高温以及其他热性疾患（如布鲁氏菌病、化脓棒状杆菌病）所引起。

#### 2. 临床症状

以局部伴有发痛性肿胀为主要特征。局部剧痛、潮红、肿胀及硬固，呈全身发热。食欲降低，不愿行动。如为外伤性的，则阴囊液增加，并发生血肿。急性时疼痛加剧，转为慢性时疼痛减轻，进一步恶化，发展为坏疽，或引起腹膜炎而死于败血症、脓毒血症。

#### 3. 治疗

阴囊发生红、肿、热、痛，并且体温超过40摄氏度时，先用冷水敷阴囊，涂以鱼石脂软膏，再将抗生素、蛋白质分解酶注入阴囊。疾病早期，经处理，病猪可在几个月后自然恢复。若疾病转为慢性而丧失生殖能力应予以淘汰。

## 思考题

1. 猪常见产科与生殖器官疾病有哪些？

2. 所在地的猪经常出现哪些产科与生殖器官疾病，应怎样防治？

3. 如何预防母猪产科疾病？

# 附录一 猪常用生物制品使用方法

| 名称 | 用途与用法 | 免疫期 |
| --- | --- | --- |
| 猪瘟兔化弱毒疫苗 | 预防猪瘟，大小猪肌内注射1毫升，注射后4天产生免疫力。 | 1年以上 |
| 猪丹毒氢氧化铝甲醛菌苗 | 预防猪丹毒，断奶后猪一律皮下注射5毫升，注射后21天产生免疫力。 | 半年 |
| 猪瘟、猪丹毒二联弱毒冻干苗 | 预防猪瘟、猪丹毒两种疫疾，大小猪一律肌内注射1毫升。 | 猪瘟1年，猪丹毒半年 |
| 猪肺疫氢氧化铝甲醛菌苗 | 预防猪肺疫，大小猪一律皮下注射5毫升，注射后14天产生免疫力。 | 9个月 |
| 猪丹毒弱毒苗 | 预防猪丹毒，大小猪一律皮下注射1毫升，注射后7天产生免疫力。 | 9个月 |
| 口蹄疫灭活疫苗 | 预防口蹄疫，肌内注射，小猪1毫升，中猪2毫升，大猪3毫升。 | 3个月 |
| 猪瘟、猪丹毒、猪肺疫三联干弱毒苗 | 预防猪瘟、猪丹毒、猪肺疫3种疫病，大小猪一律肌内注射1毫升。 | 猪瘟1年，其他半年 |
| 仔猪副伤寒弱毒菌苗 | 预防猪副伤寒，1月龄以上仔猪一律耳后肌内注射1毫升。 | 1年 |
| 仔猪红痢菌苗 | 预防仔猪红痢病，产前15~20天母猪肌内注射10毫升，注射后15天产生免疫力。 | 6个月 |
| 破伤风血清（抗毒素） | 预防：2万单位肌内或皮下注射。<br>治疗：3万单位肌内或皮下注射。 | 14天 |
| 抗猪瘟血清 | 预防：20~100毫升皮下或静脉注射。<br>治疗：为预防量的一倍。 | 14天 |

续表

| 名称 | 用途与用法 | 免疫期 |
| --- | --- | --- |
| 抗猪丹毒血清 | 预防：10~40毫升皮下或静脉注射。<br>治疗：为预防量的一倍。 | 14天 |
| 抗猪肺疫血清 | 预防：20~40毫升皮下或静脉注射。<br>治疗：为预防量的一倍。 | 14天 |

# 附录二　猪病治疗常用药品介绍及用法

| 药品名称 | 临床应用 | 制剂及用法 |
| --- | --- | --- |
| 青霉素 | 用于治疗猪链球菌病、猪丹毒、敏感金色葡萄球菌感染（如脓肿）、猪炭疽病、破伤风等多数革兰氏阳性菌所致疾病和少数革兰氏阴性菌所致疾病。 | 药剂，每支80万单位。每千克体重1万~1.5万单位，8~12小时肌内注射1次。 |
| 链霉素 | 用于治疗各种敏感菌所致的急性感染，如大肠杆菌引起的乳腺炎、肠炎、子宫炎、膀胱炎和败血症。对结核杆菌和多数革兰氏阴性菌（如布鲁氏菌、巴氏杆菌、沙门氏菌、大肠杆菌等）所致疾病有效。 | 药剂，每支1克。每千克体重10毫升肌内注射，每天1次。 |
| 卡那霉素 | 用于治疗大肠杆菌、变形杆菌、沙门氏菌等革兰氏阴性菌引起的感染，如败血症、乳腺炎及呼吸道、尿道、肠道等感染。对猪气喘病和猪萎缩性鼻炎亦有效。 | 针剂，每毫升0.5克。每千克体重10~15毫升肌内注射，每天2次。 |
| 庆大霉素 | 用于治疗耐药性金黄色葡萄球菌、绿脓杆菌、变形杆菌、大肠杆菌等所致的各种严重感染，如呼吸道、肠道、尿道等部位的感染和败血症等。 | 针剂，每毫升8万单位。每千克体重1000~1500单位肌内注射（亦可静脉注射，治疗严重感染）。 |
| 土霉素 | 用于治疗猪肺疫、大肠杆菌、沙门氏菌感染（如仔猪白痢）。 | 片剂，每片有5万单位、12.5万单位、25万单位3种，每千克体重20~25毫升。针剂，每天每千克体重5~10毫升肌内注射或静脉注射。治疗猪气喘病每天40毫克。 |

续表

| 药品名称 | 临床应用 | 制剂及用法 |
| --- | --- | --- |
| 复方泰乐菌注射液 | 对多种革兰氏阳性菌和革兰氏阴性菌有很强的抗菌活性，治疗支原体有特效。用于治疗猪气喘病、猪传染性胸膜肺炎、猪肺疫、猪副嗜血杆菌病、猪鼻炎、猪链球菌病、猪繁殖障碍与呼吸综合征、猪流感等。 | 针剂，每千克体重0.05~0.1毫升肌内注射，每天1次，连用2~3天。 |
| 氟苯尼考注射液 | 对革兰氏阳性菌和革兰氏阴性菌及支原体有强效。用于治疗猪巴氏杆菌、猪胸膜肺炎放线杆菌、支原体等引起的猪气喘病、猪传染性胸膜肺炎、猪肺疫、猪丹毒、猪萎缩性鼻炎等呼吸道疾病。 | 针剂，每千克体重0.2~0.4毫升肌内注射，每天2次。 |
| 磺胺嘧啶 | 用于治疗猪链球菌、猪葡萄球菌、猪肺炎球菌、大肠杆菌、李氏杆菌等细菌感染，如乳腺炎、子宫炎、腹膜炎及呼吸道、消化道、泌尿道感染和败血症等。 | 针剂，每千克体重0.07克肌内注射或静脉注射，每12小时用1次。 |
| 复方磺胺嘧啶 | 用于治疗猪链球菌、猪葡萄球菌、肺炎球菌、大肠杆菌、沙门氏菌等细菌感染。 | 针剂，每千克体重0.015~0.02克肌内注射，每12小时用1次。 |
| 复方磺胺五甲氧嘧啶 | 常用于治疗尿道、呼吸道、皮肤及软组织等感染。 | 针剂，每千克体重0.015~0.02肌内注射，每12小时用1次。 |
| 乙酰甲喹 | 用于治疗肠道感染，主治猪痢疾、仔猪白痢及各种肠炎、腹泻。 | 针剂，每千克体重2~5毫克肌内注射，每天2次。 |
| 恩诺沙星注射液 | 新型喹诺酮类抗菌药，主要用于治疗猪腹泻、猪地方性流行肺炎、猪支气管肺炎、猪链球菌病、猪水肿病。 | 针剂，每10千克体重1毫升肌内注射，病重者酌情加量，每天1次，连用3天。 |

续表

| 药品名称 | 临床应用 | 制剂及用法 |
| --- | --- | --- |
| 复方氨林巴比妥 | 解热镇痛药，用于治疗发热性疾病、关节病及风湿等。 | 针剂，一次量5~10毫升肌内注射或皮下注射。 |
| 复方氨基比林 | 解热镇痛药，用于治疗发热性疾病、关节痛、肌肉痛和风湿等。 | 针剂，一次量5~10毫升肌内注射或皮下注射。 |
| 安乃近 | 解热镇痛药，用于治疗发热性疾病、关节痛、肌肉痛和疝气引发的疼痛、风湿等。 | 针剂，一次量5~10毫升肌内注射或皮下注射。 |
| 地塞米松 | 具有影响糖代谢、抗炎、抗过敏、抗毒作用，用于治疗严重的感染性疾病（如各种败血症、腹膜炎等）、过敏性疾病（如支气管哮喘、过敏性皮炎）、局部性炎症（如关节炎、乳腺炎、眼科炎症等）及休克。 | 药剂，每毫升2毫克或5毫克。一次量4~12毫升肌内注射或静脉注射。 |
| 维生素AD | 用于治疗维生素A、维生素D缺乏症，用于治疗维生素A缺乏引起的腹泻、眼干燥症、支气管炎、皮肤粗糙、生长停顿等症，用于治疗维生素D缺乏时引起的猪佝偻病和猪骨软化病。 | 药剂，每毫升含维生素A 5万单位，维生素D 5000单位。每次2~4毫升肌内注射。 |
| 维生素$B_1$ | 用于治疗维生素$B_1$缺乏症，用于治疗缺乏维生素$B_1$引起的多发性神经炎、食欲不振及胃肠弛缓等。 | 针剂，一次量0.025~0.05克肌内注射。 |
| 维生素C | 用于治疗各种传染病和高热、外伤或烧伤，增强抵抗力和促进创伤愈合。也用于治疗砷、汞、铅和某些化学药品中毒，提高机体解毒能力。 | 针剂，每次0.2~0.5克肌内注射或静脉注射。 |
| 亚硒酸钠维生素E | 用于治疗缺硒或缺维生素E引起的白肌病、营养性肝坏死、肌肉性跛行等。 | 针剂，预防量为每次2~3毫升肌内注射，治疗量加倍。 |

续表

| 药品名称 | 临床应用 | 制剂及用法 |
|---|---|---|
| 氯化钙 | 用于缺钙症，治疗皮肤、黏膜过敏性疾病，防治猪佝偻病和猪骨软症。 | 针剂，每毫升0.5克。每次5~15克静脉注射。 |
| 硫酸镁 | 用作镇静、镇痉，适用于痉挛、惊厥、尿毒症、破伤风等。 | 针剂，每次2.5~7.5克肌内注射。 |
| 右旋糖酐铁 | 抗贫血药，用于治疗仔猪缺铁性贫血，并具有一定的促生长作用。 | 针剂，2毫升肌内注射。仔猪出生3日内注射。 |
| 卡巴克洛 | 用于治疗毛细血管损伤或通透性增加的出血，如鼻出血、紫癜等，也用于治疗产后出血、手术后出血、内脏出血、血尿等。 | 针剂，2~4毫升肌内注射，每天2~3次。 |
| 盐酸普鲁卡因 | 用于局部麻醉。 | 针剂，适量肌内注射。 |
| 阿托品 | 作为解痉药，也可用作有机磷中毒的对症解毒药。 | 针剂，一次1毫克左右肌内注射。 |
| 左旋咪唑 | 驱虫药，对蛔虫、钩虫、肾虫、肺丝虫、鞭虫等有明显驱虫效果。 | 片剂，每千克体重8毫克内服。针剂，每千克体重5~6毫升肌内注射。 |
| 敌百虫 | 驱杀胃肠道线虫、姜片吸虫和蟑、螨、蚤、虱等。 | 片剂，每千克体重8~10毫克。 |
| 伊维菌素注射液 | 驱虫药，用于治疗和预防消化道线虫、肺线虫、虱和疥螨等寄生虫感染。 | 针剂，每千克体重0.3毫克皮下注射。 |
| 大肠杆菌特号 | 为经病畜肠内细菌分离、药敏实验筛选出的高效药物。通过科学配制，特异性针对大肠杆菌、仔猪黄痢、白痢，适应症为大肠杆菌病、肠道病。 | 药剂，每10千克体重2.5~5克。 |

# 附录三　常用消毒方式

| 消毒类别 | 消毒方式 | 用量与用法 |
| --- | --- | --- |
| 春秋常规消毒 | 2%~4%氢氧化钠。<br>10%~20%漂白粉乳剂。<br>1%~3%澄清液。<br>0.05%~0.5%过氧乙酸。<br>3%~5%甲酚皂溶液。 | 每平方米地面用药液0.5~2千克。每平方米墙壁用药液0.5~2千克。 |
| 不定期圈栏消毒 | 3%~5%甲酚皂溶液。<br>10%~20%石灰乳。 | 喷洒。 |
| 粪池、粪便污物消毒 | 堆积泥封发酵。<br>生物热消毒。 | — |
|  | 20%漂白粉乳剂浇淋。<br>3%~5%甲酚皂溶液。 | 喷洒。 |
| 空气消毒 | 紫外线灯照射。 | — |
|  | 乳酸熏蒸消毒。 | 每100立方米6~12毫升乳酸，加水稀释为20%的浓度，放在器皿中加热蒸发，密闭30分钟后通风排气。 |
|  | 3%~5%过氧乙酸溶液。 | 加热熏蒸，每立方米1~3克，熏蒸后密闭1~2小时。 |
|  | 36%~40%福尔马林加高锰酸钾熏蒸消毒。 | 每立方米25~40毫升福尔马林加12.5~20克高锰酸钾，熏蒸30分钟。 |
| 饮用水消毒 | 多用漂白粉。 | 过滤或用明矾沉淀后的清水，每立方米加含有25%有效氯的漂白粉2~4克。没有过滤的水加含有25%有效氯的漂白粉6~10克。 |
| 暴发性疫病消毒 | 猪瘟首选氢氧化钠，猪口蹄疫用过氧乙酸。 | 按说明。 |

# 附录四　非洲猪瘟防控知识

## 非洲猪瘟①

非洲猪瘟（简称ASF）是由非洲猪瘟病毒感染引起的猪的一种急性、热性、高度接触性传染病，是世界动物卫生组织OIE法定报告的动物疫病，我国将其列为一类动物疫病。

### 一、历史与分布

1921年，东非国家肯尼亚首次确认非洲猪瘟疫情。之后，于1957年传入欧洲，1971年传入美洲，2007年，首次传播至欧亚接壤的格鲁吉亚，迅速传入俄罗斯，并在高加索地区定殖。2012年，传入乌克兰，2013年传入白俄罗斯。2014年传入波兰、立陶宛、拉脱维亚、爱沙尼亚，2016年传入摩尔多瓦，2017年传入捷克、罗马尼亚。2018年8月传入我国辽宁。

### 二、危　害

①引起猪发病死亡。一旦发病，发病率和病死率可达100%，造成巨大的经济损失和社会影响。

②非洲猪瘟不感染人。

---

①此内容来自中华人民共和国农业农村部兽医局、中国动物卫生与流行病学中心编绘的重大外来动物疫病防控知识挂图。

## 三、流行病学

### （一）易感动物

家猪和野猪对非洲猪瘟均易感。各年龄段猪均可感染。软蜱是非洲猪瘟病毒的自然宿主和传播媒介。

### （二）传播方式

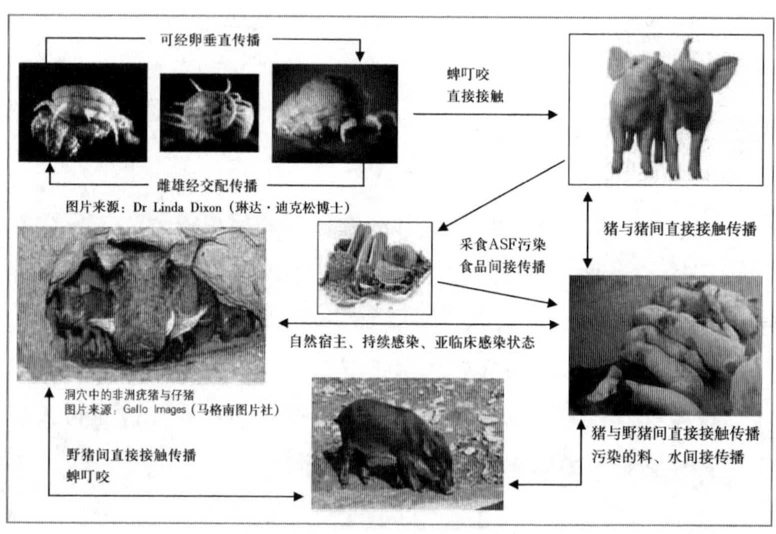


非洲猪瘟在猪—野猪—蜱—猪间传播

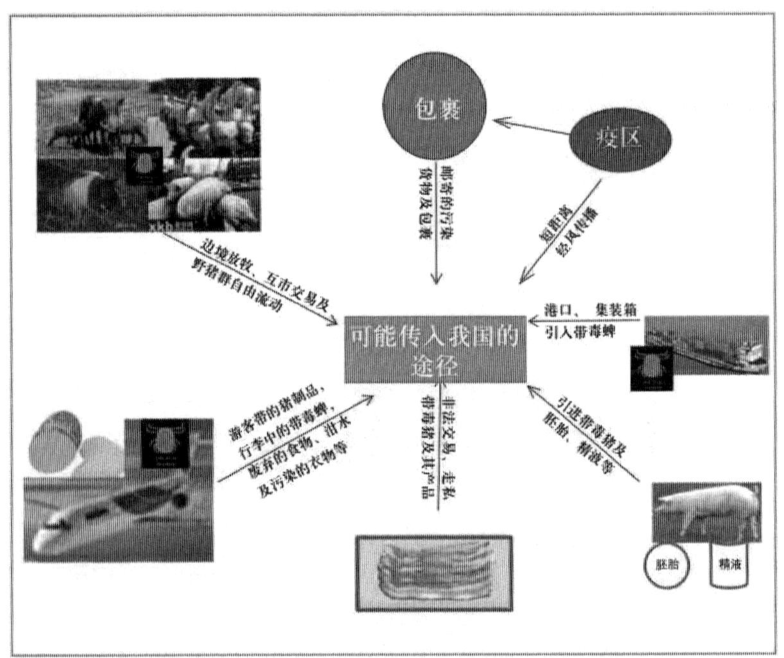


非洲猪瘟可能传入我国的途径

## 四、临床症状

潜伏期5~19天。严重病例一般在感染后2~10天死亡。

依临床症状程度不同，可分为超急性型、急性型、亚急性型和慢性型。

超急性型：无症状突然死亡。

急性型：体温升高至42摄氏度，沉郁，厌食，耳、四肢、腹部皮肤有出血点、发绀。眼、鼻有黏液脓性分泌物，呕吐，便秘，粪便表面有血液和黏液覆盖，或腹泻，粪便带血。步态僵直，呼吸困难，病程延长则出现神经症状。妊娠母猪在妊娠的任何阶段均可出现流产。

亚急性型：症状较轻，病死率较低，持续时间较长。体温波动无规律，常大于40.5摄氏度。呼吸窘迫，湿咳。关节疼痛、肿胀。病程持续数周至数月，有的病例康复或转为慢性病例。

慢性型：呼吸困难，消瘦或发育迟缓，体弱。关节肿胀，局部皮肤溃疡、坏死。通常可存活数月，但很难康复。

各种毒力的毒株均可导致流产：胎儿可能全身水肿；可能在胎盘、皮肤、心肌或肝脏有瘀血点

## 五、诊　断

要注意与猪瘟、高致病性猪蓝耳病和圆环病毒感染等疫病鉴别诊断。如果免疫过猪瘟的猪无症状突然死亡，或出现步态僵直，呼吸困难，腹泻或便秘，粪便带血，关节肿胀，局部皮肤溃疡、坏死等症状，可怀疑为非洲猪瘟。对可疑病例应采集抗凝血、脾脏、扁桃体、肾脏、淋巴结和血清等样品，低温运送至国家外来动物疫病研究中心进行确诊。

## 六、防控措施

目前没有可预防该病的疫苗，因此可从以下途径进行防控。

1. 严格出入境检验检疫，严禁夹带动物及其制品入境。

2. 严禁从有非洲猪瘟疫情的国家或地区进口猪及其产品。

3. 进口猪及其产品的入境运输工具的监督、检查、登记和消毒，防止运输工具机械传播。

4. 对途经我国或在我国停留的国际航班、火车、航行船舶的废弃物和泔水等严格进行无害化处理。

5. 加强养猪场（户）防疫监管，提高生物安全水平。

6. 防止猪接触受非洲猪瘟病毒污染的饲料、肉制品、器械等。

7. 远离野猪，防止被蜱等吸血昆虫叮咬。

8. 加强疫情监测，早期识别传染源。

9. 发现可疑病例及时上报。

10. 一旦发生疫情，立即采取措施，严防疫情扩散。

# 非洲猪瘟疫情期间正确的消毒方式

①清洗和消毒运输车辆。

②处理被非洲猪瘟病毒污染的表层土壤，包括和死亡动物接触过的及进行过剖检的土壤等潜在的被非洲猪瘟病毒污染的地方，均匀地覆盖上生石灰或移覆土壤。

③用次氯酸钙或生石灰覆盖道路。

④用消毒液进行道路消毒。

⑤猪舍生产区的物理清洁、清洗和消毒：所有设施和设备均需完成清洁→清洗→消毒三个步骤。

⑥消毒剂的选择：设备和猪场管理工具主要用氧化类（次氯酸钠、次氯酸钙、甲醛和过氧过硫酸氢钾复盐）消毒，粪污染物用不含铝强碱类（氢氧化钠）、强酸（盐酸、柠檬酸）消毒。

⑦对猪生产区进行清洗消毒，确保消毒到漏缝板和地沟。

⑧使用雾化喷射进行设施设备消毒。

⑨公用设施也要进行消毒。

⑩消毒污泥及氧化塘的边围。

⑪清理并销毁无用物品、无法消毒的设备及残存的饲料。

⑫检验病毒清除程序的有效性。

# 非洲猪瘟消毒程序推荐表

| 序号 | 消毒对象 | 推荐使用消毒剂 | 备注 |
| --- | --- | --- | --- |
| 1 | 装猪台和运载工具消毒 | 1. 复合酚（酚41%~49%加醋酸22%~26%）（1：200倍稀释）。<br>2. 复方戊二醛（15%戊二醛加10%苯扎氯铵）（1：200倍稀释）。<br>3. 戊二醛癸甲溴铵溶液（5%戊二醛加5%癸甲溴铵）（1：100倍稀释）。<br>4. 20%二氯异氰尿酸钠粉（1：200倍稀释）。<br>5. 过硫酸氢钾复合物粉（有效氯≥10%）（1：150倍稀释）。 | 最佳方案是先清洗干净再消毒，清洗和消毒一定要做到面面俱到。 |
| 2 | 车检消毒-车辆 | 1. 复方戊二醛（15%戊二醛加10%苯扎氯铵）（1：200倍稀释）。<br>2. 戊二醛癸甲溴铵溶液（5%戊二醛加5%癸甲溴铵）（1：100倍稀释）。<br>3. 过硫酸氢钾复合物粉（有效氯≥10%）（1：150倍稀释）。 | 最佳方案是先清洗干净再消毒，清洗和消毒一定要做到面面俱到。 |
| 3 | 车检消毒-人员 | 1. 癸甲溴铵溶液（10%）（1：100倍稀释）。<br>2. 过硫酸氢钾复合物粉（有效氯≥10%）（1：150倍稀释）。 | 无刺激。 |
| 4 | 疫点消毒 | 1. 死猪填埋：20%二氯异氰尿酸钠粉干粉直接干撒在填埋坑。<br>2. 疫点环境消毒：<br>（1）复合酚（酚41%~49%加醋酸22%~26%）（1：200倍稀释）。<br>（2）复方戊二醛（15%戊二醛加10%苯扎氯铵）（1：200倍稀释）。<br>（3）20%二氯异氰尿酸钠粉（1：200倍稀释）。<br>3. 疫区水源消毒：20%二氯异氰尿酸钠粉每吨水添加30~40克或者过硫酸氢钾复合物粉（有效氯≥10%（1：1000倍添加量）。 | 强化消毒。 |

续表

| 序号 | 消毒对象 | 推荐使用消毒剂 | 备注 |
|---|---|---|---|
| 5 | 洗手消毒 | 1. 碘伏（有效碘3%）（1∶300倍稀释）。<br>2. 碘酸混合溶液（有效碘1.5%加磷酸15%）（1∶150倍稀释）。<br>3. 5%聚维酮碘（1∶15~1∶25倍稀释）。<br>4. 癸甲溴铵溶液（10%）（1∶100倍稀释）。<br>5. 过硫酸氢钾复合物粉（有效氯≥10%）（1∶150倍稀释）。<br>6. 月苄三甲氯铵溶液（10%）（1∶100倍稀释）。 | 对皮肤无刺激。 |
| 6 | 工作服清洗消毒 | 1. 癸甲溴铵溶液（10%）（1∶100倍稀释）。<br>2. 月苄三甲氯铵溶液（10%）（1∶100倍稀释）。 | 安全、无腐蚀。 |
| 7 | 大门口消毒池及脚踏盆（池）消毒 | 复合酚（酚41%~49%加醋酸22%~26%）（1∶300倍稀释）。 | 消毒持续7天。 |
| 8 | 养殖器具消毒 | 1. 复方戊二醛（15%戊二醛加10%苯扎氯铵）（1∶300倍稀释）。<br>2. 20%二氯异氰尿酸钠粉（1∶300倍稀释）。<br>3. 过硫酸氢钾复合物粉（有效氯≥10%）（1∶150倍稀释）。 | 浸泡或喷雾消毒，广谱高效、无腐蚀。 |
| 9 | 饮水消毒 | 每吨水添加30~40克20%二氯异氰尿酸钠粉或过硫酸氢钾复合物粉（有效氯≥10%（1∶1000倍添加量）。 | — |

# 非洲猪瘟防控明白纸①

问：非洲猪瘟是什么样的疫病?

答：非洲猪瘟是由非洲猪瘟病毒引起的一种急性、烈性、高度接触性传染病，严重危害着全球养猪业。我国将非洲猪瘟列为一类动物疫病，是烈性外来疫病，其强毒力毒株对生猪致病率高，致死率100%。

问：非洲猪瘟会感染人吗?

答：非洲猪瘟不是人畜共患病。猪是非洲猪瘟病毒唯一的自然宿主，除家猪和野猪外，其他动物不会感染该病毒。虽然对猪有致命危险，但对人却没有危害，属于典型的传猪不传人型病毒。

问：非洲猪瘟能否采取免疫措施?

答：非洲猪瘟目前尚无有效疫苗，只能采取扑杀净化措施。

问：出现什么样的症状可以认为是疑似非洲猪瘟发病?

答：非洲猪瘟症状与常见猪瘟相似，如果免疫过猪瘟疫苗的猪出现无症状突然死亡异常增多，或大量生猪出现步态僵直，呼吸困难，腹泻或便秘，粪便带血，关节肿胀，局部皮肤溃疡、坏死等症状，可怀疑为非洲猪瘟。

问：发生了疑似非洲猪瘟应该怎么办?

答：养殖户发现疑似非洲猪瘟症状时，应立即隔离猪群，限制猪群移动，并立即通知当地村级防疫员或当地兽医机构，同时要做好消毒工作，配合有关部门做好移动监管。村级防疫员要加强疫情排查，早期识别感染，一旦发现疑似疫情，应协助养殖户

①此部分内容来源于中华人民共和国农业农村部。

隔离猪群，限制移动，并加强消毒，及时上报。屠宰场官方兽医要重点排查淋巴结等器官组织的症状，发现有类似猪瘟症状的，要采取隔离消毒措施，并按要求采集抗凝血、扁桃体、肾脏、淋巴结等样品送检。

问：养殖户该如何防控非洲猪瘟?

答：防控非洲猪瘟，重点是做好猪群饲养管理，做到“五要四不要”。“五要”：一要减少场外人员和车辆进入猪场；二要对人员和车辆入场前彻底消毒；三要对猪群实施全进全出饲养管理；四要对新引进生猪实施隔离；五要按规定申报检疫。“四不要”：不要使用餐馆、食堂的泔水或餐余垃圾喂猪；不要散放饲养，避免家猪与野猪接触；不要从疫区调运生猪；不要对出现的可疑病例隐瞒不报。

# 后 记

近几年，我国养猪业取得了前所未有的发展，在我国畜牧业生产中占据不可替代的主导地位。然而，一些地区，尤其是农村由于兽医技术水平跟不上，措施不力，造成猪病不断发生和流行，损失很大，严重阻碍了养猪业的健康发展，猪病的防治显得越来越重要。为进一步适应海南省热带高效农业发展的要求和广大农民群众的迫切需要，《猪病防治》一书专门介绍猪病防治技术，期望能对促进热带养猪业发展起到一定的作用。在编写和修订过程中，作者结合自己的工作和海南实际，总结和吸收了猪病防治的先进经验、方法、技术和成果，参考了许多书刊资料，并征求了兽医专家和基层兽医工作者的意见，力求该书有较强的科普性、实用性、针对性和先进性。本书可作为广大农村群众和农村基层干部学习养猪技术的科普读物，以及农民群众、基层干部和科技人员的自修实用技术读本，也可作为农函大、农职中及各类实用技术培训的基本教材，还可供各类养猪场兽医技术人员、饲养管理人员、养猪专业户和有关农业院校师生阅读参考。

特别感谢海南惠农慈善基金会资助出版本丛书。

由于水平所限，时间仓促，缺点疏漏难免，恳请读者批评指正。

# 猪病防治课程实施计划表

总学时：80

| 目的要求 | 学习猪病防治的基本知识，了解各种常见猪病的防治技术，重点掌握猪病的诊断要点和防治措施 | | | | |
|---|---|---|---|---|---|
| 题目名称 | 教学内容 | 学时分配 | | 目的要求 | 实施方法、器材保障 |
| | | 授课 | 实习 | | |
| 猪病防治基础知识 | 1. 猪病防治的意义<br>2. 猪病发生的主要原因<br>3. 猪病防治措施<br>4. 猪病诊疗技术<br>5. 常用治疗用药方法 | 10 | 4 | 了解猪病防治的基本概念与原理，重点掌握猪病防治的各种常用技术与措施 | 授课、自学与实习相结合；需配备常用兽医诊疗器材 |
| 常见传染病 | 1. 病毒性传染病<br>2. 细菌性传染病<br>3. 其他传染病 | 12 | 8 | 学习常见传染病，了解诊断要点和类症鉴别，主要掌握其诊断技术和防治措施 | 授课、自学与实习相结合；需与兽医院或兽医联系 |
| 常见寄生虫病 | 1. 线虫病<br>2. 其他寄生虫病 | 10 | 8 | 学习常见寄生虫病的种类、病原，了解诊断要点，主要掌握其诊断技术和综合防治措施 | 授课、自学与实习相结合；需与兽医院或兽医联系 |

续表

| 题目名称 | 教学内容 | 学时分配 | | 目的要求 | 实施方法、器材保障 |
|---|---|---|---|---|---|
| | | 授课 | 实习 | | |
| 常见内科疾病 | 1. 呼吸、消化等系统疾病<br>2. 中毒性疾病<br>3. 营养代谢性疾病<br>4. 猪应激综合征 | 8 | 6 | 学习常见内科疾病的种类、病因、临床症状和防治，了解诊断要点，主要掌握其诊断技术和综合防治措施 | 授课、自学与实习相结合；需与兽医院或兽医联系 |
| 常见产科与繁殖器官疾病 | 1. 母猪产前产后疾病<br>2. 乳腺疾病<br>3. 繁殖障碍与难产 | 8 | 6 | 学习猪常见产科疾病和猪繁殖器官疾病的种类、病因、临床症状和防治，了解诊断要点，主要掌握其诊断技术和综合防治措施 | 授课、自学与实习相结合；需与兽医院或兽医联系 |